地理信息系统原理及其技术应用研究

陆向珍 付云强 侯磊 ◎著

图书在版编目（CIP）数据

地理信息系统原理及其技术应用研究 / 陆向珍，付
云强，侯磊著. -- 北京 ：中译出版社，2024.2
  ISBN 978-7-5001-7748-7

  Ⅰ．①地… Ⅱ．①陆… ②付… ③侯… Ⅲ．①地理信
息系统—研究 Ⅳ．①P208.2

中国国家版本馆CIP数据核字（2024）第048587号

地理信息系统原理及其技术应用研究

DILI XINXI XITONG YUANLI JIQI JISHU YINGYONG YANJIU

著　　者：陆向珍　付云强　侯　磊
策划编辑：于　宇
责任编辑：于　宇
文字编辑：田玉肖
营销编辑：马　萱　钟筱童
出版发行：中译出版社
地　　址：北京市西城区新街口外大街28号102号楼4层
电　　话：（010）68002494 （编辑部）
由　　编：100088
电子邮箱：book@ctph.com.cn
网　　址：http://www.ctph.com.cn

印　　刷：北京四海锦诚印刷技术有限公司
经　　销：新华书店
规　　格：787 mm×1092 mm　1/16
印　　张：11
字　　数：218千字
版　　次：2024年2月第1版
印　　次：2024年2月第1次印刷

ISBN 978-7-5001-7748-7　　　　定价：68.00元

前　言

地理信息系统（Geographic Information System,GIS）是一种集成了地理学、地图学、信息科学和计算机科学等多学科知识的技术系统，用于采集、存储、处理、分析和展示地理空间数据。GIS 的原理基于地理空间信息的数字化和空间分析，通过把地理数据与地图结合起来，提供了一种强大的工具来理解和解释地理现象。随着技术的不断发展，GIS 的应用领域将进一步扩大，其在科学研究和社会管理中的作用将变得更加重要。通过深入研究 GIS 的原理和技术应用，人们能够更好地利用地理信息，促进社会可持续发展。

基于此，本书以"地理信息系统原理及其技术应用研究"为选题，首先，探究地理信息系统的内涵与组成、综合特征、地理信息科学及其重要理论；其次，对探究地理信息系统的技术基础、地理信息系统空间数据库管理、地理信息系统空间数据的处理研究、地理信息系统的开发与评价进行全面的分析；最后，突出实践性，围绕地理信息系统的技术应用展开研究。

本书将理论与实践相结合，致力于打造一部既具有理论深度又能用于实践指导的著作。通过书中对 GIS 原理的精练阐述，读者能够深刻理解 GIS 系统背后的科学基础；同时，本书通过应用场景的引入，使得理论知识更具实用性，让读者能够迅速将所学知识应用于实际工作中。本书注重章节之间的逻辑性和连贯性，确保内容在体系结构上具备完整性。通过本书精心设计的章节安排，读者能够系统学习 GIS 的各方面知识，从基础知识到高级应用，形成渐进式的学习路径。

作者在写作过程中，得到了许多专家、学者的帮助和指导，在此表示诚挚的谢意。由于作者水平有限，加之时间仓促，书中所涉及的内容难免有疏漏之处，希望各位读者多提宝贵的意见，以便进一步修改，使之更加完善。

作者

2023 年 12 月

目　录

第一章　地理信息系统与信息科学

第一节　地理信息系统的内涵与组成

地理信息系统是信息化的核心技术。地理信息系统的概念和技术发展证明它是以需求为驱动，以技术为导引的。地理信息系统技术的应用不是孤立的，需要与其他相关技术进行集成和协同运行。

地理信息系统的概念含义和组成内容不断发生变化，作为信息应用科学，证明了其与需求和技术发展的密切关系。

一、地理信息系统的认知

（一）地理信息系统的关联

1.地理信息系统的相关内涵

地理信息系统（GIS）是对地理空间实体和地理现象的特征要素进行获取、处理、表达、管理、分析、显示和应用的计算机空间或时空信息系统。

（1）地理空间实体。地理空间实体是指具有地理空间参考位置的地理实体特征要素，具有相对固定的空间位置和空间相关关系、相对不变的属性变化、离散属性取值或连续属性取值的特性。在一定时间内，在空间信息系统中仅将其视为静态空间对象进行处理表达，即进行空间建模表达。只有在考虑分析其随时间变化的特性时，即在时空信息系统中，才将其视为动态空间对象进行处理表达，即时空变化建模表达。就属性取值而言，地理实体特征要素可以分为离散特征要素和连续特征要素两类。离散特征要素如城市的各类井、电力和通信线的杆塔、山峰的最高点、道路、河流、边界、市政管线、建筑物、土地利用和地表覆盖类型等；连续特征要素如温度、湿度、地形高程变化、NDVI 指数[①]、污染浓度等。

（2）地理现象。地理现象是指发生在地理空间中的地理事件特征要素，具有空间位置、空间关系和属性随时间变化的特性。需要在时空信息系统中将其视为动态空间对象进行处

---

①NDVI 指数是归一化植被指数，是反映农作物长势和营养信息的重要参数之一，应用于遥感影像。根据该参数，可以知道不同季节的农作物对氮的需求量、对合理施用氮肥具有重要的指导作用。

理表达，即记录位置、空间关系、属性之间的变化信息，进行时空变化建模表达。这类特征要素如台风、洪水过程、天气过程、地震过程、空气污染等。

（3）空间对象。空间对象是地理空间实体和地理现象在空间或时空信息系统中的数字化表达形式，具有随着表达尺度而变化的特性。空间对象可以采用离散对象方式进行表达，每个对象对应于现实世界的一个实体对象元素，具有独立的实体意义，称为离散对象。空间对象也可以采用连续对象的方式进行表达，每个对象对应于一定取值范围的值域，称为连续对象或空间场。

（4）离散对象。离散对象在空间或时空信息系统中一般采用点、线、面和体等几何要素表达。根据表达的尺度不同，离散对象对应的几何元素会发生变化，如一个城市，在大尺度上表现为面状要素，在小尺度上表现为点状要素；河流在大尺度上表现为面状要素，在小尺度上表现为线状要素等。这里尺度的概念是指制图学的比例尺，地理学的尺度概念与之相反。

（5）连续对象。连续对象在空间或时空信息系统中一般采用栅格要素进行表达。根据表达的尺度不同，表达的精度会随栅格要素的尺寸大小变化。这里，栅格要素也称为栅格单元，在图像学中称为像素或像元。数据文件中栅格单元对应于地理空间中的一个空间区域，形状一般采用矩形。矩形的一个边长的大小称为空间分辨率。分辨率越高，表示矩形的边长越短，代表的面积越小，表达的精度越高；分辨率越低，表示矩形的边长越长，代表的面积越大，表达的精度越低。

地理空间实体和地理现象特征要素需要经过一定的技术手段对其进行测量，以获取其位置、空间关系和属性信息，如采用野外数字测绘、摄影测量、遥感（GIS）、全球定位系统（GPS）及其他测量或地理调查方法，经过必要的数据处理，形成地形图、专题地图、影像图等纸质图件或调查表格，或数字化的数据文件。这些图件、表格和数据文件需要经过数字化或数据格式转换，形成某个 GIS 软件所支持的数据文件格式。目前，测绘地理信息部门所提倡的内外业一体化测绘模式，就是直接提供 GIS 软件所支持的数据文件格式的产品。

对于获取的数据文件产品，虽然在格式上支持 GIS 的要求，但它们仍然是地图数据，不是 GIS 地理数据。将地图数据转化为 GIS 地理数据，还需要利用 GIS 软件对其进行处理和表达。不同的商业 GIS 软件对地图数据转化为 GIS 地理数据的处理和表达方法存在差别。

GIS 地理数据是根据特定的空间数据模型或时空数据模型，即对地理空间对象进行概念定义、关系描述、规则描述或时态描述的数据逻辑模型，按照特定的数据组织结构，即数据结构，生成的地理空间数据文件。对于一个 GIS 应用来讲，会有一组数据文件，称为地理数据集。

一般来讲，地理数据集在 GIS 中多数都采用数据库系统进行管理，但少数也采用文件系统管理。这里，数据管理包含数据组织、存储、更新、查询、访问控制等含义。就数据组织而言，数据文件组织是其内容之一。地理数据集是地理信息在 GIS 中的数据表达形式。为了地理数据分析的需要，还需要构造一些描述数据文件之间关系的数据文件，如拓扑关系文件、索引文件等，这些文件之间也需要进行必要的概念、关系和规则定义，这形成了数据库模型，其物理结构称为数据库结构。数据模型和数据结构是文件级的，数据库模型和数据库结构是数据集水平的，理解上应加以区别。但在 GIS 中，由于它们之间存在密切关系，一些教科书往往会将其一起讨论，不做明显区分。针对一个特定的 GIS 应用，数据组织还应包含对单个数据库中的数据分层、分类、编码、分区组织，以及多个数据库的组织内容。

2. 地理信息系统与相关学科

地理信息系统的理论和技术是与多个学科和技术交叉发展产生的。因此，设计、开发地理信息系统与这些学科和技术密切相关。

（1）地理学为研究人类环境、功能、演化人地关系提供了认知理论和方法。

（2）大地测量学、测量学、摄影测量与遥感等测绘学为获取这些地理信息提供了测绘手段。

（3）应用数学，包括运筹学、拓扑数学、概率论与数理统计等，为地理信息的计算提供了数学基础。

（4）系统工程为 GIS 的设计和系统集成提供了方法论。

（5）计算机图形学、数据库原理、数据结构、地图学等为数据的处理、存储管理和表示提供了技术和方法。

（6）软件工程、计算机语言为 GIS 软件设计提供了方法和实现工具。

（7）计算机网络、现代通信技术、计算机技术是 GIS 的支撑技术，管理科学为系统的开发和运行提供组织管理技术，而人工智能、知识工程则为形成智能 GIS 提供方法和技术。

3. 地理信息系统与相关系统

计算机制图、计算机辅助设计、数据库管理系统、遥感图像处理技术奠定了地理信息系统的技术基础。地理信息系统是这些学科的综合，它与这些学科和系统之间既有联系又有区别，以下将它们逐一加以比较，以突出地理信息系统的特点。

（1）地理信息系统与数字制图系统。数字制图是地理信息系统的主要技术基础，它涉及 GIS 中的空间数据采集、表示、处理、可视化甚至空间数据的管理。无论是在国外，还是在国内，GIS 早期的技术都主要反映在数字制图方面。不同的数字制图系统（或称为机助制图系统），在概念和功能上有很大的差异。数字制图系统涵盖了从大比例尺的数字测图系统、电子平板，到小比例尺的地图编辑出版系统、专题图的桌面制图系统、电子地图制作系统及地图数据库系统。它们的功能主要强调空间数据的处理、显示与表达，有些数字制图系统还包含空间查询功能。

地理信息系统和数字制图系统的主要区别在于空间分析方面。一个功能完善的地理信息系统可以包含数字制图系统的所有功能，此外，它还应具有丰富的空间分析功能。当然在很多情况下，数字制图系统与地理信息系统的界限是很难被界定的，特别是对有些桌面制图系统，如 MapInfo^① 等在归类上就有较大的争议。严格地说，MapInfo 初期的版本缺少复杂的空间分析功能，但是它在图文办公自动化、专题制图等方面大有市场，甚至一些老牌的 GIS 软件公司都开发相应的软件与它竞争。但是，要建立一个决策支持型的 GIS 应用系统，需要对多层的图形数据和属性数据进行深层次的空间分析，以提供对规划、管理和决策有用的信息。各种空间分析如缓冲区分析、叠置分析、地形分析、资源分配等功能是必要的，现在的 GIS 系统应提供空间统计分析功能。

（2）地理信息系统与计算机辅助设计系统。计算机辅助设计（CAD）是计算机技术用于机械、建筑、工程和产品设计的系统，它主要用于范围广泛的各种产品和工程的图形，大至飞机，小到微芯片等。CAD 主要用来代替或辅助工程师们进行各种设计工作，也可以与计算机辅助制造（CAM）系统共同用于产品加工中做实时控制。

GIS 与 CAD 系统的共同特点是二者都有坐标参考系统，都能描述和处理图形数据及其空间关系，也都能处理非图形属性数据。它们的主要区别是，CAD 处理的多为规则几何图形及其组合，图形功能极强，属性功能相对较弱。而 GIS 处理的多为地理空间的自然目标和人工目标，图形关系复杂，需要有丰富的符号库和属性库。GIS 需要有较强的空间分析功能，图形与属性的相互操作十分频繁，而且多具有专业化的特征。此外，CAD 一般仅在单幅图上操作，海量数据的图库管理能力比 GIS 要弱。

但是 CAD 具有极强的图形处理能力，也可以设计丰富的符号和连接属性，许多用户都把它作为数字制图系统使用。有些软件公司为了充分利用 CAD 图形处理的优点，在 CAD 基础之上，进一步开发出地理信息系统。

（3）地理信息系统与数据库管理系统。数据库管理系统一般指商用的关系数据库管

---

① MapInfo 是美国 MapInfo 公司的桌面地理信息系统软件，是一种数据可视化、信息地图化的桌面解决方案。

理系统，如 Oracle、SyBase、SQLServer 等。它们不仅是一般事务管理系统，如银行系统、财务系统、商业管理系统、飞机订票系统等系统的基础软件，而且通常也是地理信息系统中属性数据管理的基础软件，甚至有些 GIS 的图形数据也交给关系数据库管理系统管理。而关系数据库管理系统也在向空间数据管理方面扩展，如 Oracle 增加了管理空间数据的功能，许多 GIS 中的图形数据和属性数据全部由商用关系数据库管理系统管理。近年来还出现了非关系数据库统一管理图形数据、属性数据和传感网流式数据的系统。

数据库管理系统和地理信息系统之间还存在着区别。地理信息系统除需要功能强大的空间数据管理功能之外，还需要具有图形数据采集、空间数据可视化和空间分析等功能。所以，GIS 在硬件和软件方面均比一般事务数据库更加复杂，在功能上也比后者要多很多。例如，电话查号台可看作一个事务数据库系统，它只能回答用户所查询的电话号码，而一个用于通信的地理信息系统除了可查询电话号码外，还可提供所有电话用户的地理分布、电话空间分布密度、公共电话的位置与分布、新装用户距离最近的电信局等信息。

（4）地理信息系统与遥感图像处理系统。遥感图像处理系统，是专门用于对遥感图像数据进行处理与分析的软件，主要强调对遥感栅格数据的几何处理、灰度处理和专题信息提取。遥感数据是地理信息系统的重要数据源。遥感数据经过遥感图像处理系统处理之后，或是进入 GIS 系统作为背景影像，或是与经过分类的专题信息系统一起协同进行 GIS 与遥感的集成分析。

一般来说，遥感图像处理系统还不能直接用作地理信息系统。然而，许多遥感图像处理系统的制图功能也较强，可以设计丰富的符号和注记，并可进行图幅整饰，生产精美的专题地图。有些基于栅格的 GIS 除了能进行遥感图像处理之外，还具有空间叠置分析等GIS 空间分析功能。但是这种系统一般缺少实体的空间关系描述，难以进行某一实体的属性查询和空间关系查询及网络分析等功能。当前遥感图像处理系统和地理信息系统的发展趋势是两者的进一步集成，甚至研究开发出在同一用户界面内，进行图像和图形处理，以及矢量、栅格影像和 DEM 数据的整体结合的存储方式。

（二）地理信息系统的发展历程

地理信息系统在技术发展导引和应用驱动两大动力因素作用下，得到了快速发展。这主要归因于三个因素：一是计算机技术的发展；二是空间技术（特别是遥感技术）的发展，驱使着 GIS 的发展；三是对海量空间数据处理、管理和综合空间决策分析应用牵引着 GIS 向前发展。由于空间遥感技术的发展，人们获取空间数据的能力大大增加，人们急需一种技术对这些海量数据进行处理、管理和分析利用，而具有大容量、快速计算能力的计算机系统才可满足这种需求。因此，GIS 技术的发展与计算机技术的发展紧密相随，计算机技术的发展史基本上反映了 GIS 的发展史。GIS 至今大约经历了以下五个发展阶段：

1.GIS 的开拓期

1950—1960 年为 GIS 的开拓期，注重于空间数据的地学处理。例如，处理人口统计数据、资源普查数据、地籍数据等。尽管当时的计算机水平不高，但 GIS 的机助制图能力较强，能实现地图的手扶跟踪数字化、地图的拓扑编辑和分幅数据拼接等功能，并能实现空间数据与属性数据的连接和存储。早期的 GIS，多数是基于格网系统的，因而发展了许多基于栅格的操作方法。综合来看，这个时期的 GIS 发展动力来自多个方面，如学术探讨、新技术应用、大量空间数据处理的生产需求等。这个时期，专家兴趣及政府需求的推动起着积极的引导作用，多数工作仅限于政府和大学范畴，国际交往甚少。

2.GIS 的巩固发展时期

20 世纪 70 年代为 GIS 的巩固发展时期，注重空间地理信息的管理。GIS 的真正发展也在这个时期。主要归结于三个方面的原因：①资源开发、利用和环境保护问题为政府首要解决之难题，而这些都需要一种能有效地分析、处理空间信息的技术、方法和系统。②计算机技术的发展，数据处理速度加快，内存容量增大，超小型、多用户的系统出现，尤其是计算机硬件价格下降，使得政府部门、学校以及研究机构、私营公司也能够配置计算机系统；在软件方面，第一套利用关系数据库管理系统的软件包问世，新型的 GIS 软件不断出现。③专业人才不断增加，许多大学开始提供 GIS 培训，一些商业性的咨询服务公司开始从事 GIS 工作。其发展的总体特点是，技术发展未有新的突破，系统应用与技术开发多限于某几个机构，专家影响减弱，政府影响增强。

3.GIS 的大发展时期

20 世纪 80 年代为 GIS 的大发展时期，注重于空间决策支持分析。GIS 的应用领域迅速扩大，从资源管理、环境规划到应急反应，从商业区域划分到政治选举分区等。涉及许多学科和领域，如古人类学、景观生态规划、森林管理、土木工程及计算机科学等。许多国家都制订了本国的 GIS 发展规划，启动了若干大型科研项目，建立了一些政府性、学术性机构等，如中国的资源与环境信息系统国家重点实验室、测绘遥感信息工程国家重点实验室，美国的国家地理信息分析中心（NCGIA），英国的地理信息协会等。同时，商业性的咨询公司、软件制造商大量涌现，能够提供系列专业化服务。GIS 基础软件和应用软件的发展，使得它的应用从解决基础设施的管理规划（如道路、输电线等）转向更复杂的区域开发，如土地利用、城市规划等。与遥感技术结合，GIS 开始用于解决全球性问题，如全球沙漠化问题、全球可居住区域的评价、厄尔尼诺现象、核扩散及全球气候与环境的变化监测等。

4.GIS 的用户时代

20 世纪 90 年代为 GIS 的用户时代。一方面，GIS 已成为许多机构必备的工作系统，一些部门在一定程度上受 GIS 的影响，改变了现行的运行方式、机构设置和工作计划；另一方面，社会对 GIS 的认识普遍提高，需求大幅增加，从而导致 GIS 应用的扩大和深化。随着计算机网络技术的发展，特别是因特网技术的发展，更大范围内共享地理信息成为可能和必然趋势。提供此项功能的网络 GIS 产品也大量涌现。随着建设"信息高速公路""国家空间数据基础设施""数字地球"计划的提出，GIS 技术作为一种全球、国家、地区和局部区域信息化、数字化的核心空间信息技术之一，其发展和利用已被许多国家列入国民经济发展规划。

5.GIS 的空间信息网格和云计算时代

21 世纪为 GIS 的空间信息网格（SIG）和云计算时代。随着 GIS 技术更加广泛和深入的应用，网络环境下的地理空间信息分布式存取、共享与交换、互操作、系统集成等成为新的发展亮点。空间信息网格是一种汇集和共享地理分布海量空间信息资源，对其进行一体化组织与处理，从而具有按需服务能力的空间信息基础设施。云计算是网格的延伸。在技术上，SIG 和云计算是一个分布的网络化环境，连接空间数据资源、计算资源、存储资源、处理工具和软件，以及用户，能够协同组合各种空间信息资源，完成空间信息的应用与服务。在这个环境中，用户可以提出多种数据和处理的请求，系统能够联合地理分布数据、计算、网络和处理软件等各种资源，协同完成多个用户的请求。

二、地理信息系统的科学基础

在人类认识自然、改造自然的过程中，人与自然的协调发展是人类社会可持续发展的最基本条件。从历史发展的角度看，人类活动对地球生态的影响总体是向着变坏的方向发展的，人口、资源、环境和灾害是当今人类社会可持续发展所面临的四大问题。人类活动产生的这种变化和问题，日益成为人们关注的焦点。地球科学的研究为人类监测全球变化和区域可持续发展提供了科学依据和手段。地球系统科学、地球信息科学、地理信息科学、地球空间信息科学是地球科学体系中的重要组成部分，它们是地理信息系统发展的科学基础、根源。地理信息系统是这些大学科的交叉学科、边缘学科，反过来，又促进和影响了这些学科的发展。

（一）地球系统科学

地球系统科学是研究地球系统的科学。地球系统，是指由大气圈、水圈、土壤岩石圈和生物圈（包括人类自身）四大圈层组成的作为整体的地球。

地球系统包括了自地心到地球的外层空间的十分广阔的范围，是一个复杂的非线性系统。在它们之间存在着地球系统各组成部分之间的相互作用，物理、化学和生物三大基本过程之间的相互作用，以及人与地球系统之间的相互作用。地球系统科学作为一门新的综合性学科，将构成地球整体的四大圈层作为一个相互作用的系统，研究其构成、运动、变化、过程、规律等，并与人类生活和活动相结合，借以了解现在和过去，并预测未来。地球科学作为一个完整的、综合性的观点，它的产生和发展是人类为解决所面临的全球性变化和可持续发展问题的需要，也是科学技术向深度和广度发展的必然结果。

就解决人类当前面临的人与自然的问题而言，如气候变暖、臭氧洞的形成和扩大、沙漠化、水资源短缺、植被破坏和物种大量消失等，已不再是局部或区域性问题。就学科内容而言，它已远远超出单一学科的范畴，而涉及大气、海洋、土壤、生物等各类环境因子，又与物理、化学和生物过程密切相关。因此，只有从地球系统的整体着手，才有可能弄清这些问题产生的原因，并寻找解决这些问题的办法。从科学技术的发展来看，对地观测技术的发展，特别是由全球定位系统、遥感、地理信息系统组成的对地观测与分析系统，提供了对整个地球进行长期的立体监测能力，为收集、处理和分析地球系统变化的海量数据，建立复杂的地球系统的虚拟模型或数字模型提供了科学工具。

由于地球系统科学面对的是综合性问题，应该采用多种科学思维方法，这就是大科学思维方法，包括系统方法、分析与综合方法、模型方法。

第一，系统方法，是地球系统科学的主要科学思维方法。这是因为地球系统科学本身就是将地球作为整体系统来研究的。这一方法体现了在系统观点指导下的系统分析和在系统分析基础上的系统综合的科学认识过程。

第二，分析与综合方法，是从地球系统科学的概念和所要解决的问题来看的，是地球系统科学的科学思维方法。包括从分析到综合的思维方法和从综合到分析的思维方法，实质上是系统方法的扩展和具体化。

第三，模型方法，是针对地球系统科学所要解决的问题及其特点，建立正确的数学模型，或地球的虚拟模型、数字模型，是地球系统科学的主要科学思维方法之一。这对研究地球系统构成内容的描述、过程推演、变化预测等是至关重要的。

关于地球系统科学的研究内容，目前得到国际公认的主要包括气象和水系、生物化学过程、生态系统、地球系统的历史、人类活动、固体地球、太阳影响等。

综上所述，可以认为，地球系统科学是研究组成地球系各个圈层之间的相互关系、相互作用机制、地球系统变化规律和控制变化的机理，从而为预测全球变化、解决人类面临的问题建立科学基础，并为地球系统的科学管理提供依据。

（二）地球信息科学

地球信息科学是地球系统科学的组成部分，是研究地球表层信息流的科学，或研究地球表层资源与环境、经济与社会的综合信息流的科学。就地球信息科学的技术特征而言，它是记录、测量、处理、分析和表达地球参考数据或地球空间数据学科领域的科学。

信息流程可以表示为信息获取→存储检索→分析加工→最终视觉产品。在信息化时代、网络化时代，信息更不是静止的，而是动态的，还应表现在信息获取→存储检索→分析加工→最终视觉产品→信息服务的完整过程。

地球信息科学属于交叉学科或综合学科，它的基础理论是地球科学理论、信息科学理论、系统理论和非线性科学理论的综合，是以信息流作为研究的主题，即研究地球表层的资源、环境和社会经济等一切现象的信息流过程，或以信息作为纽带的物质流、能量流，包括人才流、物流、资金流等的过程。这些都被认为是由信息流引起的。

地球信息科学的主要技术手段包括遥感、地理信息系统和全球定位系统等高新技术。或者说，地球信息科学的研究手段，就是由遥感、地理信息系统和全球定位系统构成的立体的对地观测系统。其运作特点是，在空间上是整体的，而不是局部的；在时间上是长期的，而不是短暂的；在时序上是连续的，而不是间断的；在时相上是同步的、协调的，而不是异相的、分属于不同历元的；在技术上不是孤立的，而是由三种技术集成的。

在对地观测系统中，遥感技术为地球空间信息的快速获取、更新提供了先进的手段，并通过遥感图像处理软件、数字摄影测量软件等提供影像的解译信息和地学编码信息。地理信息系统则对这些信息加以存储、处理、分析和应用，而全球定位系统则在瞬间提供对应的三维定位信息，作为遥感数据处理和形成具有定位定向功能的数据采集系统、具有导航功能的地理信息系统的依据。

（三）地理信息科学

地理信息科学是信息时代的地理学，是地理学信息革命和范式演变的结果。它是关于地理信息的本质特征与运动规律的一门科学，它研究的对象是地理信息，是地球信息科学的重要组成成分。

地理信息科学的提出和理论创建来自两个方面：一是技术与应用的驱动，这是一条从实践到认识、从感性到理论的思想路线；二是科学融合与地理综合思潮的逻辑扩展，这是一条理论演绎的思想路线。在地理信息科学的发展过程中，两者相互交织、相互促动，共同推进地理学思想发展、范式演变和地理科学的产生和发展。

地理信息科学本质上是在两者的推动下，地理学思想演变的结果，是新的技术平台、观察视点和认识模式下的地理学的新范式，是信息时代的地理学。人类认识地球表层系统，经历了从经典地理学、计量地理学和地理信息科学的漫长历史时期。不同的历史阶段，人们以不同的技术平台，从不同的科学视角出发，得到关于地球表层不同的认知模型。

地理信息科学主要研究在应用计算机技术对地理信息进行处理、存储、提取，以及管理和分析过程中所提出的一系列基本理论和技术问题，如数据的获取和集成、分布式计算、地理信息的认知和表达、空间分析、地理信息基础设施建设、地理数据的不确定性及其对于地理信息系统操作的影响、地理信息系统的社会实践等，并在理论、技术和应用三个层次，构成地理信息科学的内容体系。

（四）地球空间信息科学

地球空间信息科学是以 3S 技术[①]为主要内容，并以计算机和通信技术为主要技术支撑，用于采集、量测、分析、存储、管理、显示、传播和应用与地球和空间分布有关数据的一门综合和集成的信息科学和技术。地球空间信息科学是地球科学的一个前沿领域，是地球信息科学的一个重要组成部分，以 3S 技术为其代表，包括通信技术、计算机技术的新兴学科。其理论与方法还处于初步发展阶段，完整的地球空间信息科学理论体系有待建立，一系列基于 3S 技术及其集成的地球空间信息采集、存储、处理、表示、传播的技术方法有待发展。

地球空间信息科学作为一个现代的科学术语，是 20 世纪 80 年代末才出现的。而作为一门新兴的交叉学科，由于人们对它的认识各不相同，出现了许多相互类似，但又不完全一致的科学名词，如地球信息机理、图像测量学、图像信息学、地理信息科学、地球信息科学等。这些新的科学名词的出现，无一不与现代信息技术，如遥感、数字通信、互联网络、地理信息系统的发展密切相关。

地球空间信息科学与地理空间信息科学在学科定义和内涵上存在重叠，甚至人们认为是对同一个学科内容，从不同角度给出的科学名词。从测绘的角度理解，地球空间信息科学是地球科学与测绘科学、信息科学的交叉学科。从地理科学的角度理解，地球空间信息科学是地理科学与信息科学的交叉学科，即为地理空间信息科学。但地球空间信息科学的

---

①3S 技术指的是遥感（Remote Sensing, RS）、地理信息系统（Geographic Information System, GIS）和全球导航卫星系统（Global Navigation Satellite System, GNSS）的总称，其中 GNSS 泛指所有卫星定位系统，包括 GPS。"3S"是空间技术、传感器技术、卫星定位与导航技术和计算机技术、通信技术相结合，多学科高度集成的对空间信息进行采集、处理、管理、分析、表达、传播和应用的现代信息技术的总称。

概念要比地理信息科学要广，它不仅包含现代测绘科学的全部内容，还包含地理空间信息科学的主要内容，而且体现了多学科、技术和应用领域知识的交叉与渗透，如测绘学、地图学、地理学、管理科学、系统科学、图形图像学、互联网技术、通信技术、数据库技术、计算机技术、虚拟现实与仿真技术，以及规划、土地、资源、环境、军事等领域。研究的重点与地球信息科学接近，但它更侧重于技术、技术集成与应用，更强调"空间"的概念。

三、地理信息系统的组成

地理信息系统不同于一般意义上的信息系统，对地理空间数据进行处理、管理、统计、显示和分析应用，比传统的管理信息系统（MIS，非空间型信息系统）、CAD 系统要复杂得多，特别是在数据管理、显示和空间分析方面，在系统的组成方面是多种技术应用的集成体。

（一）信息系统的类型

信息系统是具有采集、管理、分析和表达数据能力，并能回答用户一系列问题的系统。在计算机信息时代，信息系统部分或全部由计算机系统支持，并由硬件、软件、数据和用户四大要素组成。计算机硬件包括各类计算机处理及终端设备；软件是支持数据采集、存储、加工、再现和回答问题的计算机软件系统；数据则是系统分析与处理的对象，是构成系统的应用基础；用户是信息系统服务的对象。另外，智能化的信息系统还应包括知识。

根据信息系统所执行的任务，信息系统可分为事务处理系统（TPS）、决策支持系统（DSS）、管理信息系统（MIS）、人工智能和专家系统（Expert）。事务处理系统强调的是对数据的记录和操作，主要用以支持操作层人员的日常活动、处理日常事务，民航订票系统是其典型事例之一。决策支持系统是用以获得辅助决策方案的交互计算系统，一般由语言系统、知识系统和问题处理系统共同组成。管理信息系统需要包含组织中的事务处理系统，并提供了内部综合形式的数据，以及外部组织的一般范围的数据。人工智能和专家系统是模仿人工决策处理过程的计算机信息系统。它扩大了计算机的应用范围，将其由单纯的资料处理发展到智能推理上来。

（二）GIS 的硬件组成

计算机硬件系统是计算机系统中的实际物理设备的总称，是构成 GIS 的物理架构支撑。根据构成 GIS 规模和功能的不同，它分为基本设备和扩展设备两大部分。

基本设备部分，包括计算机主机（含鼠标、键盘、硬盘、图形显示器等）、存储设备（光盘刻录机、磁带机、光盘塔、活动硬盘、磁盘阵列等）、数据输入设备（数字化仪、扫描仪、光笔等），以及数据输出设备（绘图仪、打印机等）。

扩展设备部分包括数字测图系统、图像处理系统、多媒体系统、虚拟现实与仿真系统、各类测绘仪器、GPS、数据通信端口、计算机网络设备等。它们用于配置 GIS 的单机系统、网络系统（企业内部网和因特网系统）、集成系统等不同规模模式，以及以此为基础的普通 GIS 综合应用系统（如决策管理 GIS 系统）、专业 GIS 系统（如基于位置服务的导航、物流监控系统）、能够与传感器设备联动的集成化动态监测 GIS 应用系统（如遥感动态监测系统），或以数据共享和交换为目的的平台系统（如数字城市、智慧城市共享平台）。

（三）GIS 的软件组成

GIS 的软件组成构成了 GIS 的数据和功能驱动系统，关系到 GIS 的数据管理和处理分析能力。它是由一组经过集成，按层次结构组成和运行的软件体系。一般而言，一个商业化的 GIS 软件，提供的是面向通用功能的软件，针对用户的具体和特殊需要，需要在此基础上进行二次开发，对商业化的 GIS 软件进行客户化定制。根据 GIS 的概念和功能，GIS 软件的基本功能由六个子系统（或模块）组成，即空间数据输入与格式转换子系统、图形与属性编辑子系统、空间数据存储与管理子系统、空间数据处理与空间分析子系统、空间数据输出与表示子系统和用户接口。

1. 空间数据输入与格式转换子系统

空间数据输入与格式转换子系统的主要功能是将系统外部的原始数据（多种来源、多种类型、多种格式）传输给系统内部，并将格式转换为 GIS 支持的格式。数据来源主要有多尺度的各种地形图、遥感影像及其解译结果、数字地面模型、GPS 观测数据、大地测量成果数据、与其他系统交换来的数据、社会经济调查数据和属性数据等。数据类型有矢量数据、栅格数据、图像数据、文字和数字数据等。数据格式有其他 GIS 系统产生的数据格式、CAD 格式、影像格式、文本格式、表格格式等。

数据输入的方式主要有三种：一是手扶跟踪数字化仪的矢量跟踪数字化，主要通过人工选点和跟踪线段进行数字化，主要输入有关图形的点、线、面的位置坐标；二是扫描数字化仪的矢量数字化，将图形栅格化后，通过矢量化软件将纸质图形输入系统，或将图片扫描输入系统；三是键盘输入或文件读取方式，通过键盘直接输入坐标、文本和数字数据，或通过文件读取，并经过格式转换输入系统。数据格式的转换包括数据结构不同产生的转换和数据形式不同产生的转换。前者由系统采用的数据模型决定；后者主要是矢量到栅格、栅格到矢量的转换，是由数据的性质决定的。有时也使用光笔输入，例如签名等操作。数据格式的转换一般由 GIS 软件提供的数据互操作工具或功能模块实现。

2. 数据存储与管理处理

数据存储与管理涉及矢量数据的地理要素（点、线、面）的位置、空间关系和属性数据，以及栅格数据、数字高程数据及其他类型的数据如何构造和组织与管理等。主要由特定的数据模型或数据结构来描述构造和组织的方式，由数据库管理系统（DBMS）进行管理。在 GIS 的发展过程中，数据模型经历了由层次模型、网络模型、关系模型、地理相关模型、面向对象的模型和对象—关系模型（地理关系模型），它们分别代表着空间数据和属性数据的构造和组织管理形式。

3. 图形与属性的编辑处理

GIS 系统内部的数据是由特定的数据结构描述的，图形元素的位置必须符合系统数据结构的要求，所有元素必须处于统一的地理参照系中，并经过严格的地理编码和数据分层组织，因此需要进行拓扑编辑和拓扑关系的建立，进行图幅接边、数据分层，进行地理编码、投影转换、坐标系统转换、属性编辑等操作。除此之外，它们一方面要修改数据错误；另一方面还要对图形进行修饰，设计线型、颜色、符号、进行注记等。这些都要求 GIS 提供数据编辑处理的功能。

4. 数据分析与处理

GIS 系统提供了对一个区域的空间数据和属性数据综合分析利用的能力。通过提供矢量、栅格、DEM 等空间运算和指标量测，达到对空间数据综合利用的目的。如基于栅格数据的算术运算、逻辑运算、聚类运算等，提供栅格分析；通过图形的叠加分析、缓冲区分析、统计分析、路径分析、资源分配分析、地形分析等，提供矢量分析，并通过误差处理、不确定性问题的处理等获得正确的处理结果。

5. 数据输出与可视化

数据输出与可视化是将 GIS 内的原始数据，经过系统分析、转换、重组后以某种用户可以理解的方式提交给用户。它们可以是地图、表格、决策方案、模拟结果显示等形式。当前 GIS 可以支持输出物质信息产品和虚拟现实与仿真产品。

6. 用户接口

用户接口主要用于接收用户的指令、程序或数据，是用户和系统交互的工具，主要包括用户界面、程序接口和数据接口。系统通过菜单方式或解释命令方式接收用户的输入。由于地理信息系统功能复杂，无论是 GIS 专业人员还是非专业人员，提供操作友好的界面都可以提高操作效率。

（四）地理空间数据库

数据是 GIS 的操作对象，是 GIS 的"血液"，它包括空间数据和属性数据。数据组织和管理质量，直接影响 GIS 操作的有效性。在地理数据的生产中，当前主要是 4D 产品，即数字线划数据（DLG）、数字栅格数据（DRG）、数字高程模型（DOM）、数字正射影像（DOM）。空间数据质量通过准确度、精度、不确定性、相容性、一致性、完整性、可得性、现势性等指标来度量。

GIS 的空间数据均在统一的地理参照框架内，对整个研究区域进行了空间无缝拼接，即在空间上是连续的，不再具有按图幅分割的迹象。空间数据和属性数据进行了地理编码、分类编码和建立了空间索引，以支持精确、快速的定位、定性、定量检索和分析。其数据组织按工作区、工作层、逻辑层、地物类型等方式进行。

地理空间数据库是地理数据组织的直接结果，并提供数据库管理系统进行管理。通过数据库系统，数据的调度、更新、维护、并发控制、安全、恢复等提供服务。根据数据库存储数据的内容和用途，可分为基础数据库和专题数据库。前者反映基础的地理、地貌等基础地理框架信息，如地图数据库、影像数据库、土地数据库等；后者反映不同专业领域的专题地理信息，如水资源数据库、水质数据库、矿产分布数据库等。

由于测绘和数据综合技术的原因，当前 GIS 只能对多比例尺测绘的地图数据分别建立对应的数据库。因此，在一个地理信息系统中，可能存在多个数据库。这些数据库之间还要经常进行相互访问，因此会形成数据库系统。又由于地理信息的分布性，还会形成分布式数据库系统。为了支持数据库的数据共享和交换，并支持海量数据的存储，需要使用数据存储局域网、数据的网络化存取系统及数据中心等数据管理方案。

数据库管理系统在一个 GIS 工程中，有对空间和非空间数据的产生、编辑、操纵等多项功能。主要功能包括：①产生各种数据类型的记录，如整型、实型、字符型、影像型等；②操作方法，如排序、删除、编辑和选择等；③处理，如输入、分析、输出、格式重定义等；④查询，提供 SQL 的查询；⑤编程，提供编程语言；⑥建档，元数据或描述信息的存储。

（五）GIS 空间分析

GIS 空间分析是 GIS 为计算和回答各种空间问题提供的有效的基本工具集，但对于某一专门具体计算分析，还必须通过构建专门的应用分析模型，例如土地利用适宜性模型、选址模型、洪水预测模型、人口扩散模型、森林增长模型、水土流失模型、最优化模型和影响模型等才能达到目的。这些应用分析模型是客观世界中相应系统经由概念世界到信息世界的映射，反映了人类对客观世界利用改造的能动作用，并且是 GIS 技术产生社会经济效益的关键所在，也是 GIS 生命力的重要保证，因此在 GIS 技术中占有十分重要的地位。

（六）相关人员

人员是 GIS 成功的决定因素，包括系统管理人员、数据处理及分析人员和终端用户。在 GIS 工程的建设过程中，还包括 GIS 专业人员、组织管理人员和应用领域专家。使用 GIS 系统的人员可分为以下群体：

第一，GIS 和地图使用者。这个群体的人员通常是普通用户或其他地理信息服务的工作人员，他们需要从地图上查询、发现和了解感兴趣的地理信息，例如确定最快的路线、找到地理位置、找到特定的物品或经营信息等等。对于这些人员来说，GIS 系统能够提供简单易用的地图查询工具和一些基础信息展示服务。

第二，GIS 和地图生产者。这个群体的人员通常是地图制图师、测绘师等专业地理信息工作者，他们负责制作综合信息地图、专题地图、卫星遥感图像和空照图等高品质地图。对于这些人员来说，GIS 系统能够提供精准、专业、高效的地图编辑和制图功能，帮助他们制作高质量的地图。

第三，地图出版者，这个群体的人员通常是地图出版商、地理信息产品提供商和图书馆等机构，他们需要高质量、易于使用、具有商业价值的地图输出产品。对于这些人员来说，GIS 系统能够提供用于地图输出、出版和共享的专业工具和服务。

第四，空间数据分析员。这个群体的人员通常是政府人员、规划师、市场分析师、天气预报员等数据分析工作者，他们需要基于位置和空间关系进行各种分析任务和研究，例如制定市场分析报告、开展城市规划、实现气象预警等。对于这些人员来说，GIS 系统能够提供多种各样的专业工具和分析功能，帮助他们获取更深入的空间信息和洞察力。

第五，数据录入人员。这个群体的人员通常是 GIS 系统的初级用户或其他数据录入工作者，他们负责进行数据的编辑、收集和输入，例如一些政府机构或其他企业收集社区变化、采集土地使用变化、人口等基础数据。对于这些人员来说，GIS 系统能够提供简单易用的数据编辑工具和操作手册。

第六，空间数据库设计者。这个群体的人员通常是数据管理员、数据库架构师、系统工程师等专业者，他们需要设计、建立和管理空间数据库，以便更好地实现数据的存储和管理。对于这些人员来说，GIS 系统能够提供空间数据库的设计和管理工具，以及一些与其他数据做比较和集成的分析功能。

第七，GIS 软件设计与开发者。这个群体的人员通常是 GIS 软件的开发者、程序员和系统架构师等高级工程师，他们需要通过编程完成 GIS 系统的功能实现和技术开发。对于这些人员来说，GIS 系统可以提供一些编程接口和软件开发工具，包括 Web GIS、GIS 二次开发等技术分支，以及 GIS 数据共享和发布等其他应用。

第二节 地理信息系统的综合特征

一、地理信息系统的基本特征

GIS 具有以下五个方面的基本特征：

第一，GIS 是以计算机系统为支撑的。GIS 是建立在计算机系统架构上的信息系统，由若干个相互关联的子系统构成，包括数据采集子系统、数据处理子系统、数据管理子系统、数据分析子系统、数据产品输出子系统等。

第二，GIS 的操作对象是空间数据。在 GIS 中实现了空间数据的空间位置、属性特征和时态特征三种基本特征的统一。

第三，GIS 具有对地理空间数据进行空间分析、评价、可视化和模拟的综合利用优势，具有分析与辅助决策支持的作用。GIS 具备对多源、多类型、多格式空间数据进行整合、融合和标准化管理的能力，可以为数据的综合分析利用提供技术支撑。通过综合数据分析，可以获得常规方法或普通信息系统难以得到的重要空间信息，实现对地理空间对象和过程的演化、预测、决策和管理能力。

第四，GIS 具有分布特性。GIS 的分布特性是由其计算机系统的分布性和地理信息自身的分布性共同决定的。计算机系统的分布性决定了地理信息系统的框架是分布式的。地理要素的空间分布性决定了地理数据的获取、存储、管理和地理分析应用具有地域上的针对性。

第五，地理信息系统的成功应用强调组织体系和人的因素的作用。一个良好的组织体系可以确保地理数据的准确性和完整性，促进数据共享和交换，进而提高 GIS 的综合分析和管理能力。而拥有 GIS 相关知识和技能的人员则是实际应用 GIS 技术的关键。组织体系和人的因素的协同作用将推动 GIS 技术的广泛应用，为决策者提供准确、全面、可靠的空间分析和管理支持。

二、地理信息系统的技术特征

GIS 的广泛应用基于其技术特色，与一般的制图技术不同，GIS 技术在信息表达、数据组织、信息分析等方面，都有独特的技术特色，这种技术特色使其适应应用需要并且得到快速发展。

（一）信息表达充分

数据是信息的一种表达形式，为了适应数据的表达要求，需要按照数据的特性进行事物信息的抽象和分解，这种抽象和分解经常会造成信息的表现和关系分裂。例如，一条道路，不仅有其地理空间位置、分布和延展等信息，还有道路长度、宽度、路面材料等信息，从交通角度，还有车道数、限制行速等方面的信息。前者通过图形表达，后者可以用表格形式表达，但是在一般的图形技术中，并不充分考虑后者的表达，通常以图形注记形式反映一些简要信息，并且不考虑对信息的查询，需要读图者自己对图形进行观察了解，这就造成了信息表达的不充分现象。

信息向数据的抽象会造成信息的丢失，例如古代对于武术的拳谱套路用关键动作图画表达，武术动作经过这样的抽象，动作过程的转变等一些信息就表达得不充分了。

1. 图形与属性关联

图形与属性的关联是 GIS 的又一技术特征。在通常的有关地理调查如土地利用调查中，不但要绘制地块图形，还要登记每个地块的属性，形成了图形和属性数据分离的状态，对于地块和属性的相互识别，在非 GIS 中，只能通过人工方式。即使把数据输入计算机，这种情况仍未改变，如用图形软件表达图形，用表格处理软件表达数据表。这样极大地限制了对地理信息的应用。

在 GIS 中，图形与属性通过程序建立连接和识别，可以通过属性记录查找相应的图形，也可以通过图形查询相应的记录。并且，以数据表方式表达的属性表，还可以像一般的表数据一样进行计算统计。

实际上，GIS 的属性表数据采用关系数据库数据表的组织方式，因此可以完全采用数据库技术与属性表数据。并且，由于图形与属性记录的关联，数据库信息应用扩展到了图形方面，这是一般图形技术所不具备的。

2. 图形片段与多维信息

在 GIS 中，图形信息也被极大扩展，通过分段技术，把一条线的整体从形态和结构上不进行改变，但可以划分为多个片段。利用片段，可以保证在原数据不改变的基础上，建立分段描述。对于管线系统，支管道与主管道有连接，在数据组织中，为了辨析其间的连接关系，基本的 GIS 表达通常需要把主管道按支管道接口分割成多个分段，虽然便于识别关系，也形成了数据分析和管理的问题。利用分段技术，不需要进行数据分割，通过程序建立主支管道的逻辑联系。这样，分段技术既满足了应用需要，也保证了基础数据的完整性和一致性，并且，由于分段是一种以基础数据为依据的逻辑结构，不需要独立进行图形信息存储，只需要针对基础数据指出分段位置加以记录即可。

分段这一技术特色，解决了在线路和图形连段之间的矛盾协调问题，极大地扩展和提升了图形信息的应用范围和应用深度。

在 GIS 中，对于地图信息，除了用图形表达外，还把其他的非地理空间信息也进行了表达。这样，在 GIS 中地理事物信息得到较充分的表达。这就成为 GIS 的一种技术特色，为地理信息查询、分析、建模等奠定了技术基础。

3. 地理问题表达信息化

数学分析是有效的数据处理方式，对于函数可以求导、积分，但地理问题不容易用通常的数学方式表达，因为通常的数学表达要求"光滑性"。比如对于函数，只有连续才可求导函数，而地理问题不具备此特征，是一种"病态数学"问题，因此在很长的一段时间内，地理问题被弃在数学问题之外。

在 GIS 中，地图代数及离散数学的差分求导方式，很好地解决了这一问题。在 GIS 中，把地理问题在图形数字化基础上进行提升，建立了专门的数据处理理论、方法和模型，使其对地理信息的处理能力极大增强。

4. 拓扑结构信息扩展

图形及其元素之间有一种空间位置关系，这种关系被归纳为相连、相邻、包含、构成几种，通过这些关系，可以获得不同图形之间、不同图形元素之间的关系，这种关系被称为拓扑几何关系。

在 GIS 中，运用拓扑关系进行图形数据组织和表达，从而在基本的图形信息基础上进行信息扩展，形成丰富的数据信息。在计算机拓扑图形中，凡是有同样坐标端点的不同线段，必然是相互连接的。这样，通过拓扑，首尾相连的几条线段闭合拓扑构成多边形，共用某条边的两个多边形相邻，一个图形可以处在一个多边形内部或外部等。

这种拓扑关系提供图形的拓扑关系查询及相关图形的信息，极大地丰富了图形信息体系，也为图形关系分析建立基础。

（二）地理空间几何化

空间关系本质上是一种几何表现，地图以几何图形为基础，从地理角度看，几何图形之间具有复杂的关系，因此需要并且可以通过几何运算来揭示这种关系和联系。这样，在 GIS 中，地理问题可被化为几何问题，通过几何问题进行地理问题的研究、分析和应用。

1. 地理空间问题的几何性

地图是对地理空间问题的图形表达，本质上是把地理事物用几何图形表达。由于地图图形是实际地理事物形态的描绘，因此通常是非规则几何图形，更由于地图制图综合和地图投影缘故，不同的投影、不同的比例尺地图图形有变形。

从几何的另一个角度看，对地理事物的空间度量也通过地图表达，如面积、长度等，为此在地图绘制中要保持某种几何精度。

例如，陡坡区域是一种地理事物特征的空间范围，从图形上可以看作若干多边形构成的图形，耕地是土地利用类型的地理空间分布范围，也可以看作多边形几何图形。由于在同一区域的这两个类型可能有空间重合，即几何上的图形叠加，因此可以提取几何交集，作为陡坡耕地类型，这是退耕还林的区域。

2. 几何方法解决空间问题

对于地理空间问题，可以表达为几何图形，并分析图形间的几何关系。例如，火炮防护范围可以是一个以火炮位置为球心，以射程为半径的地面以上的半球体，无人侦察机的飞行路径可以表达为一条空间三维线，三维线和半球体的空间交会部分，可以作为侦查与防护的有效性或危险概率的计算依据。

对于地理问题，可通过各种要素关系建立几何关系。从几何图形角度，地理信息的空间图形部分按要素划分，通过数据处理形成几何集合体，然后进行特定的几何状况分析和判断。这种分析基于属性或空间几何的特征。

3. 逻辑思想构造几何关系

地理问题的几何化通过信息关系组织和构造，依据地理信息的图形和属性特征，每种属性都表达一定地理空间目标，不同的属性表达不同的目标，不同属性目标之间有一定的拓扑几何关系。例如，对于用地评价，用地划分为地块，地块具有土壤、植被、权属等多方面的信息，某种特定权属地块和某种特定土壤类型地块中的一些可能是同一地块，可能是相邻地块。由此就可以把地理问题化为几何问题。

第三节　地理信息科学及其重要理论

一、地理信息科学的提出与发展

地理信息系统与地理信息科学和地球空间信息科学密不可分，二者为地理信息系统的发展和应用提供了理论、方法和技术基础。地理信息科学为地理信息系统提供了对地理特征要素及其相关关系的认知理论、建模理论和地理分析方法。地球空间信息科学为地理信息系统的地理空间数据的获取、处理、表达、制图和显示等提供技术方法，而地理信息科学又与地理学存在密切联系。

（一）地理信息科学的提出

地理学是研究地球表面地理环境的结构分布、发展变化的规律性及人地关系的学科，已经经历了近代地理学和现代地理学两个发展阶段。地理学是研究地理环境的科学。地理环境可以划分为自然环境、经济环境和社会文化环境。

地理学按照研究的对象可以分为自然地理学、人文地理学、系统地理学、区域地理学、历史地理学和应用地理学。自然地理学研究自然环境或其组成要素的特征、分异及其变化发展的规律。人文地理学研究人地关系的规律性。系统地理学研究地理环境或人地关系的整体或某一地理要素的结构、分布及其发展变化的规律性。区域地理学以一个区域为研究对象，探讨各类地理要素之间的关系，以揭示区域特点、区域差异和区域关系。历史地理学研究历史时期地理现象和人地关系的地理分布、演变及其发展规律。应用地理学研究某一特殊问题的地理因素、分布、演变规律及其规则，具有边缘学科的性质，如环境地理学、医学地理学、经济地理学、行为地理学等。

地理信息科学的提出受到信息社会、信息科学和对地理信息认知观点的影响，表现为对以下三种观点所形成的共识。

第一，地理信息科学是信息社会的地理学思想，地理计算或地理信息处理，强调使用计算机完成地理数值模拟和地学符号推理，辅助人类完成地理空间决策。地理科学是研究地理信息的出发点，也是地理信息研究的归宿。

第二，地理信息科学是面向地理空间数据处理的信息科学分支，从信息科学概念出发，地理信息科学的定义为地理信息的收集、加工、存储、传输和利用的科学。

第三，地理信息是人类对地理空间的认知，地理信息科学是人们直接或间接地（借助计算机等）认识地理空间后形成的知识体系。

在应用计算机技术对地理信息进行处理、存储、提取，以及管理和分析的过程中逐步完善形成了地理信息科学技术体系。地理信息科学是一门从信息流的角度，研究地球表层自然要素与人文要素相互作用及其时空变化规律的科学。

（二）地理信息科学的发展

地理信息科学的发展源于地球系统科学理论的发展，并在实践应用、信息技术发展和科学技术发展的推动作用下逐步完善。

1. 地球系统理论的发展

地球系统的理论基础有三个：①地球系统的非均衡性理论，是地球系统信息流形成的基础；②地球系统的耗散结构理论，是地球系统的热力形成的基础；③地球系统的引力场理论，是地球系统的动力形成的基础。它们共同形成地理信息流的过程。由于地球系统中普遍存在着物质和能量的分布不均衡现象，以及由这种不均衡现象产生的位能、势能和压强差的存在，因此，就产生了物质的扩张、滚动、流动、蠕动及坠落过程和能量的辐射、传导和扩散过程，即形成了物质和能量流。信息流就贯穿于这个物质和能量流的整个过程。

在地球系统中，物质和能量流的流量、流速和流向取决于它们在时空分布的非均衡程度，即它们的高与低、多与少、强与弱之差，即位能、势能、动能及压强之差。在信息科学中，与物质和能量相伴而生、相伴而存在的信息，是由物质和能量在时空分布的不均衡特征造成的。信息流又是物质和能量的时空分布的不均衡的性质、特征和状态的表征。因此，信息是物质和能量状态的标志。

研究地球系统离不开信息，研究系统的结构、功能离不开信息。系统各部分之间的联系往往是通过信息流来实现物质和能量的交换。信息流的时空特征，特别是畅通程度，是衡量一个系统结构化程度和系统发展水平的有效尺度。信息本身是无形的，它既不同于物质，也不同于能量。但一经形成，必然依附于载体而存在，使无形成为有形。这就是在生活中信息常常以文字、符号、图形、图像、声音等为载体表现出来。

地球系统理论是地球科学、信息科学、系统科学和非线形科学等多种理论综合和融合的结果。

2. 地理信息科学的孕育和发展

地理信息科学的形成和发展受到以下因素的影响：

（1）客观实践的需求促进了地理信息科学的形成和发展。地理学是研究地理环境的科学，即研究地球表面这一部分的人类环境，可以分为自然环境、经济环境和社会文化环境，它们在地域上和结构上相互重叠、相互联系，构成一个统一的地理环境整体。在地理学的发展过程中，信息科学、系统科学的理论与方法不断与其某个领域的研究对象、研究方法、研究内容相结合，使传统地理学的概念和内涵不断发生变化。

系统论认为，现实世界归根结底是由某些规模大小不同、复杂程度各异、等级层次有别、彼此交互重叠并且相互转化的系统组成的一个有序的网络系统。在该系统中，运用系统理论和方法，揭示各种地理要素的耦合关系，以及各种物质、能量和信息之间的传递模式和过程，成为我们探索一切的现象或过程的特征和规律的重要依据。

信息论认为，采用各种手段（RS、GPS）获取关于地球表面的大气圈、岩石圈、水圈、生物圈，以及社会、生态和环境的各种信息，不仅是它所反映的地理要素——地质、地貌、水文、土壤、植被、社会、生态的综合，而且也是不同领域的专家，从不同角度、运用不同的方法，提取各自相关的专题信息，并进行信息机理的研究与分析，达到正确认识客观对象的桥梁。

在全球范围内，随着区域开发、环境保护和大型工程项目的建设需要，大量观测站网的布设，航空航天遥感技术获取数据能力的不断增强，为其提供了大量的数据资源。同时，由于自然科学、社会科学、技术科学、管理科学的交叉与融合，直接导致了规划、决策和管理部门工作方式的迅速改变。例如，20 世纪 50 年代，定性文字描述和定量统计图表的信息表达方式广为使用；20 世纪 80 年代，出现了以计算机为主题，并得到遥感、系统工程支持的信息系统，成为规划、决策和管理的现代化保证。

计算机科学的发展，以及它在摄影测量、遥感、地图制图等方面的应用，使人们能够以数字的方式，采集、存储和处理各种与空间和地理分布有关的图形和属性数据，并希望通过计算机对数据的分析，直接为管理和决策服务。

面对全球化的问题，如全球经济一体化、全球气候变化、区域自然地理过程、重大灾害监测与预警、人类社会的可持续性发展等重大问题，要找到科学合理的解决方案，就必须应用有效的理论和方法来获取、处理和分析多种来源的多种信息。这促使了地理信息科学的产生和发展。

（2）科学思想的作用和科学思想的变革。科学思想是人类对客观世界的理性认识的核心内容，是科学理论中的精华和指导性的观点，也是人类的根本思维方式。人类的思想从本能到直觉、理智、抽象思维，形成直观的、经验的、因果的、概率的、系统的，以及非线性等绚丽多彩的科学思想。对于地球系统或地理系统，在以往的研究中，由于受到认识能力的限制，人们只能处理一些简单的线性问题，对于非线性的复杂问题，在数学上则很难有其解。实际上，地球系统是非线性的，研究其特征，不仅对于模型构建和实际应用具有指导意义，而且是地理信息科学的重要理论基础之一。当今，信息是推动世界经济发展和社会全面进步的关键因素。在科学的宇宙观和哲学思想不断完善的年代，对地球环境的认识，需要新的理论做指导。

（3）科学技术本身的推动力。在地理信息科学的发展中，计算机科学、制图学、遥感科学在人类认识客观世界时发挥了重要作用。自然界复杂多样，人们为了认识世界，把自然界划分为不同的领域，并在实践中不断完善和发展。受到各个时期生产力发展水平的约束，人们的认识水平也受到各种限制。在这个认识的过程中，人们总是要借助各种理论和技术来达到认识客观世界的目的。为此，人们发明了众多科学工具，形成了各种理论体系和方法体系。

20 世纪 90 年代的科技发展是 20 世纪科技发展的缩影。在基础科学研究方面，有一系列重大发明，如在复杂的非线性现象研究方面，实现了时间序列混沌的控制实验，目前还在实验用混沌信号隐藏机密信息的信号传输方法；多种高精度仪器的发明和使用，得到了微观结构清晰的图像，如扫描隧道显微镜、皮秒和飞秒（10 ~ 15 秒）激光脉冲仪、飞秒时间分辨仪、核磁共振等，使对自然物质的时空认识达到原子和飞秒水平。电子信息科学的发展，如人工智能计算机、人工神经网络计算机、光子计算机、网络计算机、超导计算机、生物计算机等的研制，多媒体、计算机网络和虚拟现实技术的发展，把计算机与通信技术推到了一个新的高度。

在科学技术的发展中，从长远看，离开了海洋开发和空间开发的可持续性发展，人类社会的可持续性发展将是一纸空谈。航空航天技术的发展，拉开了这一探索的序幕。短短半个世纪，空间科学技术在通信、定位导航、气象预报、资源利用、灾害监测、军事和天体研究等方面得到了广泛应用，成为影响国民经济发展和标志综合国力的重要领域。

在卫星领域，对地观测系统成为人类认识地球资源与环境的重要工具和技术支撑。海洋科学也在不断发展，不但包括探索海洋的物理、化学、生物和地质过程的海洋物理学、海洋化学、海洋生物学、海洋地质学等基础研究，还包括海洋资源开发利用和军事活动的应用研究。

在地理信息科学方面，20 世纪 70 年代，美国经济学家马克·波拉特打破了过去划分产业结构广泛使用的第一、第二和第三产业的三分法，提出了以农业、工业、服务业、信息业为四大产业结构的划分方法。在这种理论的指导下，一些发达国家纷纷以波拉特的理论和计量方法，分析和评价本国的信息化程度，进而提出各自的发展战略。这些理论，为地理信息科学的发展提供了理论依据。

（4）现代科学思想和技术成就推动地理信息科学的不断完善。信息科学是研究客观世界及其信息资源的理论，研究人类、生物和计算机如何获取、识别、转换、存储、传递、再生成和控制掌握各种信息的规律，以及人工智能的科学。在信息科学的体系中，理论基础是信息论和控制论。把信息科学的理论和方法，用于研究地理现象和地理过程，形成了地理信息科学的新领域。遥感卫星和计算机的发展，为研究复杂的地理系统提供了丰富的信息资源，以及跨越时空的分析模型和预测预报的信息处理手段。

信息基础技术、信息系统技术和信息应用技术是现代信息技术包含的三个层次。计算机语言（面向对象）、计算机操作系统、计算机网络是该领域的重要事件。以计算机为核心，以数字化、网络化、智能化和可视化为特征的信息化发展，是地理信息科学发展的重要理论和技术支撑。

认知科学在地理信息科学的形成和发展中起到了无可替代的作用。它是研究人、动物和机器的智能本质和规律的科学。其研究内容包括知觉、学习、记忆、推理、语言理解、知识获得、情感和系统为意识的高级心理现象。它是心理学、计算机科学、人工智能、语言学和神经科学等基础科学和哲学交叉的高度跨学科的新兴学科。认知心理学和人工智能是其核心学科。

认知科学作为研究人类的认识、智力本质和规律的前沿科学，得到了广泛的认同，具有创新意义的认知思维、认知理念及认知模式的发展，对于人们认识和理解复杂的地理系统、地理环境和地理信息具有重要作用。这方面的研究成果，对于国家信息基础设施、数字地球、数字城市、智慧城市都具有非常的意义。

二、地理信息科学的基本框架

地理信息科学较经典地理学具有明显的信息化特征，是现代信息科学与经典地理学发展相结合的结果。地理信息科学在研究地理学问题方面，明显吸收了现代信息技术的发展成就。地理信息科学的基本框架可以从基础理论体系、方法体系、技术体系和应用体系描述。

第一，基础理论体系。主要是地理信息机理的研究。主要研究地理信息的结构、性质、分类与表达、地理信息传输过程及机制、地理信息的空间认知机理，以及地理信息的获取、处理、分析理论等。

第二，方法体系。主要体现在空间数据的分类方法及其编码、投影坐标转换、数据采集方法、元数据描述方法、空间信息建模及决策支持方法等方面。GIS 将来源于地理系统的数据流经过空间信息分析转换为信息流，完成对地理系统的认知过程。空间决策系统对来源于 GIS 的信息流进行决策分析，将信息流转化为知识流，模拟了对地理系统的调控过程。策略、方案实施则将认知行为转化为可操作的调控行为。

第三，技术体系。地理信息的获取技术、地理信息模拟技术、地理信息建模技术、地理信息分析技术、决策支持技术等是核心。当然，还包括其他的相关技术，如建库、管理、更新和共享、服务、应用等。

第四，应用体系。地理信息科学的应用领域十分广泛，不仅是许多学科研究的基础，而且本身也可以解决许多重要的地理学问题，如生态、环境、区域可持续发展、全球变化、疾病和健康、社会经济发展等。其应用构成不同分支的学科应用体系。

三、地理信息科学的重要理论

理论是认知的结果，也是方法和技术发展的源泉。地理信息科学的重要理论对 GIS 的应用和发展具有基础性作用。

（一）地理系统相关理论

GIS 是对诸多类型的地理系统的信息化表达。正确理解和认识与地理系统有关的理论，对有效建立和使用 GIS 技术具有重要意义。

1. 混沌理论

研究地理系统混沌状态的理论称为地理系统的混沌理论，这是地理系统自组织的起点。所谓混沌，又称"混乱""紊乱""无规划"等，它是研究事物的初始阶段如何进行自组织的理论。自然和社会领域到处存在着杂乱无章的事物、飘忽不定的状态、极不规则的行为。但是这些无规则现象的深处，都蕴藏着一种奇异的秩序。混沌不是简单的无序和混乱，而是没有明显的周期性和对抗性，但有内部层次性和有序性。研究地理系统混沌理论的目的就是从地理系统的紊乱中寻找规律，而自相似理论与分形分维原理就是从紊乱中寻找规律的有效方法。

自相似理论的核心思想是，无论是自然或社会现象，在统计意义上，总体形态的每一部分，都可以被看作整体标度（指级别或观测数目等）减少的映射，不论形态多么复杂，它们在统计学或概率上的相似性是普遍存在的。

分形是复杂形态的一种参数量，只有具有自相似结构的形体，才能进行分形研究。分维是指一个几何形体的维数等于确定其中任意一个点的位置所需要的独立坐标的数目，分为拓扑维和分维数。拓扑维指一个几何图形中的任意相邻点，只要它们是连续的，无论通过怎样的拉伸、压缩、扭曲变成各种形态，相邻点的关系都不会改变，它是拓扑变换的不变量。分维数则描述了形体的自相似性，即在不同尺度下，一个形体的复杂程度。分维数可以用来量化形体的空间占据能力和分支程度，为研究形体的复杂性提供了一种量化手段。

混沌理论是研究复杂系统行为的一种方法，它认为复杂系统可能在看似无规律的混乱状态中存在着确定的规律和模式。地理系统作为一种复杂系统，可以应用混沌理论来寻找其中的规律和模式。因此，研究地理系统的混沌理论的目的是通过自相似理论和分形分维原理，从地理系统的紊乱状态中提取出其中的规律和模式。通过分析地理系统中的自相似性和分维数，可以揭示地理系统中的结构、分布和相互关系等方面的规律，并为地理科学的研究和应用提供理论依据。

2. 地理系统协同论

按照协同论的观点，地理系统的各要素或各子系统之间，既存在着相互联系、相互依存、相互协调的一面，又存在着相互制约、相互排斥、相互竞争的一面；既有协同性，又有制约性，这是普遍规律。例如，如果地形发生了变化，则气候与植物随之变化；如果气候改变了，则首先植物随之改变。

地理系统协同论的一个重要思想是，地理系统的各要素或子系统功能相加，具有非线性特征，整体功能，即效果，可能大于各部分功能之和，也可能小于各部分功能之和，这要由系统的结构或系统的有序程度来决定，其中序参量对整个系统起着控制作用。例如，气候与地形是农、林、牧系统的有序参量，可耕地资源和淡水资源是西北地区农业系统的序参量。序参量与系统配合得好，效果就好；反之亦然。

3. 人与自然相互作用理论 / 人地系统理论

可持续发展理论的核心，是资源、环境、社会和经济的协调发展。地球的资源和环境的容量是有限的，人们对地球或自然界的索取，不能超过地球的承载力；人们对资源和环境的利用，必须遵循客观规律。经济和社会的发展，既要满足当代人的需要，又要不影响后代人的需求，也就是不能以对资源和环境的破坏为代价来换取社会经济的增长。

4. 地理系统的整体性与分异理论

地理系统的整体性与分异是地理系统的宏观的普遍规律。地理系统就是整体性与分异性的统一。地理空间的整体性是指任何地理系统或区域系统都是"人类—自然环境综合体"，都是资源、环境、经济和社会的综合体；地理空间的分异性或地带性，是指由地球表层物质和能量分布的不均匀性造成的地理空间的分异性特征，如海陆分布的差异、地形高低的差异、岩石组成的差异、温度和降水的差异，以及人口、社会和经济的差异等。这种差异表现为明显的地带性规律，如地理空间气温、降水的纬度地带性和经度地带性，植被的垂直地带性等。

5. 地理空间结构与空间功能

地理空间结构与空间功能具有区位特征。地理空间结构是指在一特定的空间范围或区域内，资源、环境、经济和社会诸要素的组合关系或耦合关系，及同一空间范围内的资源、环境、经济和社会等的配套关系。地理空间结构功能是指区域所具有的经济和社会发展潜力的大小或可持续发展能力的大小。具有最佳地理空间结构的地区，一定具有最强的空间结构功能。地理空间区位是指一特定的空间范围内，对社会经济发展的有利部位。即使某个空间范围的地理空间结构有好有坏、功能有强有弱，也不能说明局部情况不能有差别。这完全取决于局部条件，这就是区位。

地理系统的平衡状态是相对的，是变化中的平衡。地理系统变化的主要方式是渐变与突变，渐变到一定程度就会发生突变。这时，地理系统的自组织功能已不能发挥作用，所以地理系统的突变是自组织的终点。地理系统的突变理论，是研究系统状态随外界控制参数改变而发生的不连续变化的理论。这种理论认为，在条件的转折点（临界点）附近，控制参数的任何微小变化都会引起系统发生突变，而且突变都发生在系统结构不稳定的地方。地理系统的突变现象，最典型的是地震、火山爆发、生物种群的突变等。

（二）地理信息理论

地理信息理论是地理科学理论与信息科学理论相结合的产物，主要研究地理信息熵、地理信息流、地理空间场、地理实体电磁波、地理信息关联等的理论。

1. 地理信息熵

地理信息熵用来度量地理信息载体的信息能量，即地理信息载体的信息与噪声之比，简称信噪比，是评价地理信息载体的质量标准。

地理信息熵是一种用于评价地理信息载体质量的指标，它主要用来衡量地理信息载体中的信息能量。信息能量可以理解为地理信息中传递的有用信息的量，而噪声则代表了其中的不相关或无用信息。

在地理信息系统和地理信息科学领域，地理信息载体可以是各种形式的数据，例如地图、遥感影像、数字高程模型等。而地理信息熵就是用来衡量这些数据中的信息质量。

较高的地理信息熵表示地理信息载体中包含了较多的有用信息，而较低的地理信息熵可能意味着数据中存在较多的噪声或冗余信息。因此，地理信息熵可以作为评价地理信息质量的标准之一。

在实际应用中，地理信息熵可以被用于地理信息数据的质量控制和校正。通过分析不同地理信息载体的地理信息熵，我们可以识别出质量较高的数据，同时也有助于发现和纠正数据中的问题和错误。

2. 地理信息流

地理信息流是由于物质和能量在空间分布上存在着不均衡现象所产生的，它依附于物质流和能量流而存在，也是物质流、能量流的性质、特征和状态的表征和知识。地理信息流是地理系统的纽带，有了地理信息流，地理系统才能运转。地理信息系统就是研究由地理物质和能量的空间分布不均衡性造成的物质流和能量流的性质、特征和状态的表征或知识，研究地理信息流的时空特征、地理信息传输机理及其不确定性和可预见性。

3. 地理空间场理论

地理空间场理论即地理能量场信息理论，按照这种理论，对于不同的地理实体，它们的物质成分可能不同，这样就可形成不同的地理空间或地理空间场；不同地理实体的地理空间，对人类具有不同的吸引力，这样就可以形成某些特殊的地理空间或地理空间场；不同的地理空间或地理空间场，具有不同的物理参数量，也就具有不同的能量信息的空间分布特征。

4. 地理实体电磁波理论

作为地理信息系统的主要信息源的遥感信息的基础理论，是电磁波信息理论。遥感信息，是指运用传感器从空间或一定距离，通过对目标的电磁波能量特征的探测与分析，获得目标的性质、特征和状态的电磁波信号的表征及有关知识。任何物质都具有反射外来电磁波的特征；任何物体都具有吸收外来电磁波的特征；某些物体对特定波长的电磁波具有透射性；任何地理试题由于它们的物质成分、物质结构、表面形状及特征的不同，都具有不同的电磁波辐射特征；任何同一属性或同一类型的地理试题由于它们的物质成分和物质结构存在一定的变幅，它们电磁波的辐射数值也存在一定的变幅；由于同一类型的电磁波辐射值存在一定的变幅，所以地物波谱是一个具有一定宽度的带，部分波谱还存在重叠。这些都是遥感信息形成的基础理论。

5. 地理信息关联性理论

地理信息关联性理论，是从事物间的联系、依存和制约的普遍性原则出发，研究地理信息间的内在联系和机理，把握庞杂和瞬间变化的信息之间的相互关系，发挥地理信息综合集成的优势，更全面、客观、及时地认识世界，以此作为指导在可持续发展研究中进行模拟、评估和预测，以及指导高水平的地理信息共相享基础理论。

地理信息关联可以用"维"来描述。人是自然和社会的中心，可以作为地理信息关联体系的原点；自从有了人，就存在人地关系，就可以划分出人类系统和自然环境两维，这二者涵盖和贯穿整个人地关系；人的能动性是决定人类社会发展方向的重要因素，因此能动维是地理信息关联体系的第三维。无论自然维、人类系统维和能动维，都是在时间和空间中相互联系和发展变化的。所以，自然维、人类系统维和能动维构成了地理系统的三维模式。而人类系统和能动性作为第一维，时间和空间分别作为第二维、第三维，就构成地理信息关联的三维模式。

地理信息关联性理论，对于地理信息系统的信息获取、组织、分析、综合、模拟、评估、预测，以及地理信息融合、信息共享等，都具有重要的理论指导作用。

（三）地理（地球）空间认知理论

认知是一个人认知和感知他生活于其中的世界时所经历的各个过程的总称，包括感受、发现、识别、想象、判断、记忆和学习等。可以说，认知就是信息获取、存储转换、分析和利用的过程。简而言之，就是信息处理的过程。

　　地理（地球）空间认知，是研究人们怎样认识自己赖以生存的环境，包括其中的诸事物、现象的相互位置、空间分布、依存关系，以及它们的变化规律。这里之所以强调"空间"这一概念，是因为认知的对象是多维的、多时相的，它们存在于地球空间之中。

　　地理（地球）空间认知通常是通过描述地理环境的地图或图像来进行的，这就是所谓的"地图空间认知"。地图空间认知中有两个重要概念：一是认知地图；二是心象地图。

　　认知地图，它可以发生在地图的空间行为过程中，也可以发生在地图使用过程中。所谓空间行为，是指人们把原先已知的长期记忆和新近获取的信息结合起来后的决策过程的结果。地图的空间行为如利用地图进行定向（导航）、环境觉察和环境记忆等行为。地理信息系统的功能表明，人的认知制图能力是能够利用计算机模拟的。当然这只是一种功能模拟，模拟结果的正确程度完全取决于模拟模型和输入数据是否客观地、正确地反映现实系统。

　　心象地图，是不呈现在眼前的地理空间环境的一种心理表征，是在过去对同一地理环境多次感知的基础上形成的，所以，它是间接的和概括的，具有不完整性、变形性、差异性（当然也有相似性）和动态交互性。心象地图可以通过实地考察、阅读文字资料、使用地图等方式建立。

　　地理（地球）空间认知包括感知过程、表象过程、记忆过程和思维过程等基本过程。地理空间认知的感知过程，是研究地理实体或地图图形作用于人的视觉器官产生对地理空间的感觉和知觉的过程。地理空间认知的表象过程，是研究在知觉基础上产生的表象的过程，它是通过回忆、联想使在知觉基础上产生的映象再现出来。地理空间认知的记忆过程，是人的大脑对过去经验中发生过的地理空间环境的反映，分为感觉记忆、短时记忆、长时记忆、动态记忆和联想记忆。地理空间认知的思维过程，是地理空间认知的高级阶段，它提供关于现实世界客观事物的本质特性和空间关系的认识，在地理空间认知过程中实现"从现象到本质的转化"，具有概括性和间接性。

第二章　地理信息系统的技术基础

第一节　现代通信技术及发展趋势

一、现代通信技术概述

（一）通信

1. 通信信号

声音、文字、图像都是表示信息的一种形式。对于通信系统而言，信源发出的信息要经过适当的变换和处理使之变成适合在信道上传输的信号才可以传输。因此，从通信的角度讲，信号是信息传输的载体。信号应该具有某种可以感知的物理参量，如电压、电流，以及光波的强度和频率等。信号通常分为两大类，即模拟信号和数字信号。

（1）模拟信号。信号波形模拟随信息的变化而变化，这样的信号就称为模拟信号，如图 2-1 所示[①]。模拟信号的特点是幅度连续（连续的含义是在某一取值范围内可以取无限多个数值）。图 2-1（a）所示的信号是模拟信号，其信号波形在时间上也是连续的，故又称为连续的模拟信号。对图 2-1（a）所示的模拟信号按一定的时间间隔 T 抽样后得到的抽样信号如图 2-1（b）所示，信号波形在时间上是离散的，故又称为离散的模拟信号。由于该信号的幅度仍然是连续的，因此它仍然是模拟信号。目前，电话、传真、电视信号都是模拟信号。

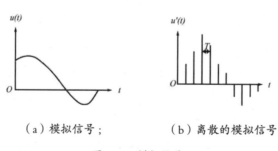

（a）模拟信号；　　　　　（b）离散的模拟信号

图 2-1　模拟信号

---

① 本节图片引自：王丽娜. 现代通信技术 [M]. 北京：国防工业出版社，2016：1-8.

（2）数字信号。数字信号指的是幅度离散的信号，即信号幅值被限制在有限个数值之内，不是连续的，而是离散的，如图2-2所示。图2-2（a）是二进制码，每个码元只取两个幅值（0，A）；图2-2（b）是四进制码，每个码元取（3，1，-1，-3）中的一个。

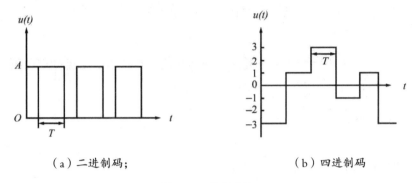

（a）二进制码；　　　　　　　　　　　　（b）四进制码

图2-2　数字信号

2. 通信方式

（1）单工通信。单工通信是指信息只能单向传送或某一时间内只能使用发信机或收信机。广播、无线寻呼、遥控器、从计算机主机输出数据到显示器或打印机采用的都是单工通信方式。

（2）半双工通信。半双工通信是指可以双向传送信息，但两个方向只能轮流分时发送，不能同时传送，或只有其中一方可同时使用收信机和发信机。对讲机、收发报机、集群通信和计算机与终端之间的通信采用的都是双工通信方式。

（3）全双工通信。全双工通信是指可以同时传送信息，通信双方的收信机和发信机均可同时工作。电话系统、移动电话、计算机网络等大多数通信系统采用的都是全双工通信方式。

3. 通信信道

信道是信号在通信系统中传输的通道，是信号从发射端传输到接收端所经过的传输媒质。按照不同的分类方法，可以将信道分为不同的种类。

（1）按传输媒介划分

有线信道：利用导体来传输信号。常用的有线信道有架空明线、双绞线、同轴电缆、光缆等。

无线信道：利用电磁波的传播来传输信号。根据电磁波的传输特点，无线信道又可以分为长波信道、中波信道、短波信道、超短波信道、微波接力信道、卫星中继信道、短波电离层反射信道、微波对流层散射信道等。

（2）按信道传输信号的形式划分

模拟信道：传送模拟信号的信道。

数字信道：传送数字信号的信道。

（3）按信道特性划分

恒参信道：信道的特性不随时间变化。常见的恒参信道有有线信道、微波接力信道、卫星中继信道等。

变参信道：信道的特性随时间变化，有时也称为时变信道。常见的变参信道有短波电离层反射信道、微波对流层散射信道等。

（二）通信系统

1.通信系统的模型

通信系统指的是利用电、光等信号形式来传递信息的系统。不管所传输信息的特征如何，也不管实际信息的传递方式是怎样的，通信系统都可以用如图2-3所示的模型来描述。

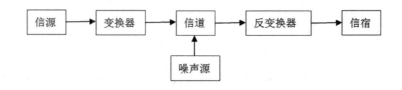

图 2-3　通信系统的模型

从图2-3可以看出，通信系统一般由信源、变换器、信道、反变换器、信宿和噪声源构成，各部分表示一个通信系统所必须具备的基本功能。

通信系统的根本任务是将信息从信源传送到信宿。信源指的是产生各种信息（如语音、文字、图像和数据等）的信息源，是信息的发送端；信宿则是信息的接收端。信源和信宿可以是人，也可以是机器（如计算机等），通过采用不同的信源和信宿可以构成不同形式的通信系统。

信道是信号的传输媒质。一般情况下，信源产生的信息不适于直接在信道上传输，为了使信息在信道中有效地传输，通常需要在发送端对信息进行必要的加工或处理，将它们统称为变换。在接收端为了还原信息，需要进行相应的反变换，反变换器的作用就是将从信道上接收到的信息变换成接收端可以接收的信息。信息的变换和反变换包括多种终端处理设备，相应完成能量变换、编码/译码、调制/解调等功能。变换器和反变换器的作用正好相反。

通信系统中不能忽略噪声的影响，通信系统的噪声可能来自各个部分，包括发送或接收信息的周围环境、各种设备的电子器件，信道外部的电磁场干扰等。为便于分析，通常将系统内所存在的干扰用噪声源来表示，并将其集中到干扰最为严重的信道中。

2. 通信系统的性能指标

设计和评价一个通信系统时，最重要的性能指标是系统的有效性和可靠性（抗干扰性）。有效性指的是通信系统内信道中传输信息的能力，而可靠性指的是通信系统内接收信息的准确度。有效性和可靠性这两项指标通常是相互矛盾的，提高系统的有效性必然会降低系统的可靠性；反之亦然。在实际情况中，通常根据具体情况兼顾考虑通信系统的有效性和可靠性，即在满足一定可靠性指标的前提下，尽量提高有效性。

（1）模拟通信系统的性能指标。模拟通信系统的有效性信道的有效传输带宽来衡量，有效带宽越大，则传输的话路越多，因此，模拟通信系统的有效性常常用信道内传输的话路多少来表示。例如，1 路模拟话音信号占 4 kHz 带宽，采用频分复用技术后，1 对架空明线最多容纳 12 路模拟话音信号，1 对双绞线最多容纳 12 路模拟话音信号，而同轴电缆最多可达 1 万路模拟话音信号，显然同轴电缆的有效性指标是最好的。另外，在模拟通信系统中采用多路复用技术可以提高系统的有效性，信道复用程度越高，信号传输的有效性就越好。

模拟通信系统的可靠性通常用整个通信系统的输出信噪比来衡量。信噪比指的是输出信号平均功率与输出噪声平均功率的比值，用 γ_{SNR} 来表示，即

$$\gamma_{SNR} = \frac{P_s}{P_n}$$

（2-1）

式中：P_s——信号的平均功率；

P_n——噪声的平均功率。

在实际的模拟通信系统中，造成发送信号与接收信号产生误差的原因有两个：一个是信号在传输时叠加噪声，称为因加性干扰产生的误差；另一个是信道传输特性不理想，称为乘性干扰产生的误差。第一种干扰不管有无信号始终是存在的；第二种干扰只有信号存在时才存在。乘性干扰产生的影响通常还用更具体的指标来表示，如电话系统有保真度、可懂度、清晰度等指标。输出信噪比指的是输出信号平均功率与传输过程中引入的噪声平均功率之比，即表示因加性干扰产生的误差。信噪比越高，通信质量越好。例如，一个好的电视系统应该有大约 60 dB 的信噪比，而一个商用的、令人满意的电话系统应该有大约 30 dB 的信噪比。输出信噪比除了与信号功率和噪声功率的大小有关外，还取决于调制方式，因此，改变调制方式可以改善通信系统的性能。

（2）数字通信系统的性能指标。在数字通信系统中，有效性指标通常用系统的频带

利用率来衡量，可靠性指标通常用传输差错率来衡量。

第一，系统的频带利用率。系统的频带利用率可用单位频带内系统允许的传输速率来表示。传输速率指的是单位时间内通过信道的平均信息量，一般有两种表示方法：码元传输速率和信息传输速率。

码元传输速率。码元是携带信息的数字单元，指的是数字信道中传送数字信号的一个波形符号，它可以是二进制的，也可以是多进制的。码元传输速率又称为传码率、符号速率、码元或速率波特率，是单位时间（每秒）内信道所传送的码元（脉冲、符号）数目，单位是码元/秒或波特（Bd）。码元传输速率并没有限定是何种进制的码元，因此，在给出码元传输速率时必须说明这个码元的进制。实际上，码元传输速率与码元的进制无关，只与码元宽度有关，它们之间的关系为：

$$R_B = \frac{1}{T} \tag{2-2}$$

式中：R_B——码元传输速率；

T——码元宽度。

例如，系统每秒钟传输 9600 个码元，则该系统的 R_B 为 9600Bd。

信息传输速率。信息传输速率又称为信息速率、传信率或比特率，是单位时间内系统传输（或信源发出）的信息量，用 R_b 表示，单位是比特/秒（bit/s）。在二进制码元的传输中，每个码元代表一个比特的信息量，此时，R_B 和 R_b 在数值上是相等的，即 RB=Rb，只是单位不同。而在多进制脉冲传输中，R_B 和 R_b 不相等。在 M 进制中，每个码元脉冲代表 log2M 从个比特的信息量，此时 R_B 和 R_b 的关系为 $R_b=R_B2M$。例如，在四进制中，已知 R_B=1200B_d，则 R_b=2400 bit/s。

第二，传输差错率。衡量数字通信系统可靠性的主要指标是传输差错率，常用误码率和误比特率来表示。误码率指的是通信过程中系统传错码元的数目 n 与传输的总码元数 N 的比值，即传错码误比特率又称为误信率，指的是通信过程中系统传错信息的比特数与传输的总信息比特数的比值，用 P_e 表示，即

$$P_e = \frac{\text{传错码元的个数 } n}{\text{传输的总码元数} N} \tag{2-3}$$

误比特率又称为误信率，指的是通信过程中系统传错信息的比特数与传输的总信息比特数的比值，用 P_{eb} 来表示，即

$$P_{eb} = \frac{传错的比特数}{传输的总比特数}$$ （2-4）

在二进制情况下，P_e 和 P_{eb} 相同。差错率越小，通信的可靠性越高。对 P_{eb} 的要求与所传输的信号有关，如传输数字电话信号时，要求 P_{eb} 在 $10^{-3} \sim 10^{-6}$ 之间，而传输计算机数据则要求 $P_{eb} < 10^{-9}$。当信道不能满足要求时，必须加入纠错措施。

（三）通信网

通信网就是由一定数量的节点（包括终端设备和交换设备）和连接节点的传输链路有机地组合在一起，协同工作，以实现两个或多个用户间信息传输的通信体系。也就是说，通信网是相互依存、相互制约的许多要素组成用以完成规定功能的有机整体。通信网的功能就是要适应用户呼叫的需要，以用户满意的程度传输网内任意两个或多个用户之间的信息。

1. 通信网构成

（1）终端设备。终端设备是用户与通信网之间的接口设备，除了对应模型中的信源和信宿之外，还包括一部分变换和反变换装置。终端设备的功能主要有以下三项：

第一，将待传送的信息和传输链路上传送的信号进行相互转换，在发送端将信源产生的信息转换成适合于传输链路上传送的信号，在接收端则完成相反的变换。

第二，对信号进行处理，使其与传输链路相匹配，由信号处理设备完成。

第三，完成信令的产生和识别，即产生和识别网内所需的信令，以起到一系列的控制作用。

（2）交换设备。交换设备是现代通信网的核心要素，其基本功能是完成接入交换节点链路的汇集、转接接续和分配，实现一个呼叫终端（用户）和它所要求的另一个或多个用户终端之间的路由选择的连接。交换设备的交换方式可以分为两大类，即电路交换方式和存储转发交换方式。

（3）传输链路。传输链路是网络节点的连接媒体，也是信息和信号的传输通路，除了主要对应通信系统模型中的信道部分之外，还包括一部分变换和反变换装置。传输链路具有波形变换、调制解调、多路复用、发信和收信等功能。传输链路有多种不同的实现方式，最简单的传输链路就是简单的线路，如明线、电缆等，它们一般用于市内电话网用户端链路和局间中继链路。另外，载波传输系统、PCM 传输系统、数字微波传输系统、光纤传输系统和卫星传输系统等都可以作为通信网传输链路的实现方式。

2.组网结构

（1）网状型网。网状型网如图2-4所示，网内任何两个节点之间均有直达线路相连，是完全网状网。如果有 N 个节点，则需要有条传输链路。因此，当节点数增加时，传输链路的数量将迅速增大。这种网络结构的优点是稳定性好，但冗余度较大，线路利用率不高，经济性较差，适用于局间业务量较大或分局量较少的情况。

图 2-4　网状型网

（2）星型网。星型网也称为辐射网，它将一个节点作为辐射点，该点与其他节点均有线路相连，如图2-5所示。具有 N 个节点的星型网至少需要 $N-1$ 条传输链路。星型网的辐射点就是转接交换中心，其余 $N-1$ 个节点间的相互通信都要经过转接交换中心的交换设备，因此该交换设备的交换能力和可靠性会影响网内的所有用户。与网状型网相比，星型网的传输链路少，线路利用率高，因此当交换设备的费用低于相关传输链路的费用时，星型网的经济性较好。但是当交换设备的转接能力不足或设备发生故障时，网络的接续质量和网络的可靠性将会受到影响，严重时会造成全网瘫痪。

图 2-5　星型网示意图

（3）复合型网。复合型网是由网状型网和星型网复合而成的，如图2-6所示。根据网中业务量的需要，以星型网为基础，在业务量较大的转接交换中心区间采用网状型结构，可以使整个网络比较经济且稳定性较好。复合型网具有网状型网和星型网的优点，是通信网中普遍采用的一种网络结构，但在网络设计时应以交换设备和传输链路的总费用最小为原则。

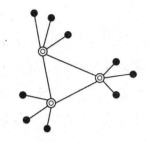

图 2-6 复合型网示意图

（4）线型网。线型网的网络结构如图 2-7 所示，它与环型网的区别是网络结构是开环的，首尾不相连。线型网常用于 SDH 传输网中。

图 2-7 线性网示意图

（5）总线型网。总线型网是所有节点都连接在一个公共传输通道（总线）上，如图 2-8 所示。由于多个通信设备共享一条数据通路，因此某一时刻只能有一个通信设备发送信息。这种网络结构需要的传输链路少，增减节点比较方便，但稳定性较差，网络范围也受到限制，在计算机通信网中应用较多。

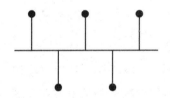

图 2-8 总线型网示意图

（6）树型网。树型网可以看成是星型网拓扑结构的扩展，如图 2-9 所示。在树型网中，节点是按层次进行连接的，信息交换主要在上下节点之间进行。树型结构主要用于用户接入网或用户线路网中，另外，主从网同步方式中的时钟分配网也采用树型结构。

图 2-9 树型网示意图

3. 通信网类型

（1）根据业务种类可以分为电话网、电报网、传真网、广播电视网、数据网等。

（2）根据所传输信号的形式可以分为数字网和模拟网。

（3）根据组网方式可以分为固定通信网和移动通信网。

（4）根据服务范围可以分为本地网、长途网和国际网。

（5）根据运营方式可以分为公用通信网和专用通信网。

4. 分层结构

传统的通信网络由传输、交换、终端三大部分组成，其中传输与交换部分组成通信网络，传输部分为网络的链路，交换部分为网络的节点。随着通信技术的发展和用户需求的日益多样化，现代通信网正处在变革和发展之中，网络类型和所提供的业务种类不断增加和更新，形成了复杂的通信网络体系。

传递现代信息的网络是复杂的，从不同的角度来看，会对网络有不同的理解和描述，例如，网络可以从功能上、逻辑上、物理实体上和对用户服务的界面上等不同的角度和层次进行划分。为了客观、全面地描述信息基础设施网络结构，以下根据网络的结构特征采用垂直描述和水平描述的方法。

（1）垂直描述。垂直描述是从功能上将网络分为信息应用层、业务网层和接入与传送网层，上下层之间的关系为客户、服务者关系。从逻辑分析的角度看，在垂直分层网的总体结构中，信息应用层表示各种应用信息和服务种类，它位于分层结构的最高层，主要涉及提供给用户的各类通信业务和通信终端；业务网层表示传送各种信息服务的业务网，主要用于提供基本的话音、数据、多媒体业务，可由采用不同交换技术的节点交换设备来组成不同类型的业务网；接入与传送网层表示支持业务网的传送手段和基础设施，如现有的 PDH 和 SDH。支撑网用来支持上述三个层面的工作，提供保证网络有效正常运行的各种控制和管理能力，包括 No.7 信令网、数字同步网和电信管理网。支撑网提供的支撑技术是网络中的核心技术，构成了现代通信的技术基础。

（2）水平描述。水平描述是基于通信网实际的物理连接来划分的，可分为核心网、接入网和用户驻地网，或广域网、城域网和局域网等。

5. 基本要求

为了使通信网能快速、有效、可靠地传递信息，充分发挥其作用，对通信网提出了以下要求：

（1）接通的任意性与快速性。接通的任意性与快速性是对通信网的最基本要求。所谓接通的任意性与快速性是指网内的一个用户应能快速接通网内的任一其他用户。影响接通的任意性与快速性的主要因素有通信网的拓扑结构、通信网的网络资源、通信网的可靠性。

（2）网络的可靠性与经济合理性。网络的可靠性对通信网而言是至关重要的，一个可靠性不高的网络经常会出现故障乃至中断通信，这样的网是不能用的，但绝对可靠的网也是不存在的。所谓可靠是指在概率的意义上，使平均故障间隔时间（两个相邻故障间隔时间的平均值）达到要求。可靠性必须与经济合理性相结合。提高可靠性往往会增加投资，但造价太高又不易实现，因此应根据实际需要在可靠性与经济性之间进行折中和平衡。

（3）信号传输的透明性与一致性。信号传输的透明性是指在规定业务范围内的信息都可以在网内传输，对用户不加任何限制。传输质量的一致性是指网内任何两个用户通信时，应具有相同或相仿的传输质量，而与用户之间的距离无关。通信网的传输质量直接影响通信的效果，不符合传输质量要求的通信网有时是没有意义的，因此要制定传输质量标准进行合理分配，使网中的各部分均满足传输质量指标的要求。

（四）数据通信与信号传输

1. 数据通信

（1）数据通信的系统组成

数据通信系统是通过数据电路将分布在远端的数据终端设备（DTE）和计算机系统连接起来，实现数据传输、交换、存储和处理的系统。比较典型的数据通信系统主要由数据终端设备、数据电路和计算机系统三种类型的设备组成。

第一，数据终端设备。数据终端设备（DTE）由数据输入设备（产生数据的数据源）、数据输出设备（接收数据的数据宿）和传输控制器组成。数据输入/输出设备是操作人员与终端之间的界面，它把人可以识别的数据变换成计算机可以处理的信息或者相反的过程。数据的输入/输出可以通过键盘、鼠标等手段来实现。最常见的输入设备是键盘、鼠标、扫描仪；输出设备可以是 CRT 显示器、打印机等。通信控制部分主要执行与通信网络之间的通信过程控制，包括差错控制和通信协议实现等。

第二，数据电路。数据电路由传输信道（通信线路）和两端的数据电路终接设备（DCE）组成数据电路位于 DTE 和计算机系统之间，为数据通信提供数字传输信道。DTE 产生的数据信号可能有不同的形式，但都表现为脉冲信号。DCE 是 DTE 与传输信道之间的接口设备，其主要作用是信号变换。具体地说，就是在发送端，DCE 将来自 DTE 的数据信号进行变换。如果传输信道是模拟信道，DCE 的作用就是把 DTE 送来的数据信号变换成模拟信号再送往信道或进行相反的变换，这时 DCE 就是调制解调器。如果信道是数字信道，

DCE 实际上是数字接口适配器，其中包含数据服务单元和信道服务单元，前者执行信号码型与电平的转换、定时、信号的再生和同步等功能，后者则执行信道特性的均衡、信号整形和环路检测等功能。

第三，计算机系统。计算机系统由主机、通信控制器（又称前置处理机）和外围设备组成，具有处理从数据终端设备输入的数据信息，并将处理结果向相应数据终端设备输出的功能。主机又称中央处理机，由中央处理单元（CPU）、主存储器、输入 / 输出设备和其他外围设备组成，其主要功能是进行数据处理。通信控制器用于管理与数据终端相连接的所有通信线路。与电话通信不同，当数据电路建立后，为了进行有效的数据通信，还必须由传输控制器和通信控制器按照事先约定的传输控制规程对传输过程进行控制，以使双方能够协调和可靠地工作，包括流量控制等。通常把由控制装置（传输控制器和通信控制器）和数据电路所组成的部分称为数据链路。一般来说，只有建立了数据链路以后，通信双方才能真正有效地进行数据通信。

（2）数据通信的过程

第一，通信线路连接的建立。用户通过"拨号"等呼叫手段通知交换机目的地址，交换机负责在通信双方建立线路连接。

第二，数据传输链路连接的建立。通信双方建立同步关系，使双方的设备处于正确的收发状态，即建立起逻辑连接。

第三，数据及其控制信息的传输。该阶段是通信的实质性阶段，通信双方交换要传送的数据及其控制信息。

第四，数据传输结束。通信双方通过有关的通信控制信息确认通信结束，拆除逻辑连接。

第五，通信线路的拆除。通信双方中的一方通知交换设备拆除物理连接。

上述五个阶段与传统的电话通信方式类似，其中数据传输过程必不可少，其余过程则根据具体的通信方式来确定有无。

（3）数据通信的 OSI 体系结构。数据通信是计算机与通信系统相结合的一种通信方式，涉及国际标准化组织（ISO）指定的开放系统互连参考模型的下三层，即物理层、链路层和网络层。物理层是 OSI 模型的最底层，它提供通信媒质连接的机械的、电气的、功能的和规程的特性，建立、维护和释放数据链路实体之间的物理连接，V.24、V.35、DTE、DCE 等都是这层的具体规范。链路层的目的是保证数据帧在网络中的无差错传送，如何组帧、传帧、收帧，即成帧方法、差错控制、流量控制是此层要解决的问题。经常解除的高级数据链路控制（HDLC）、同步数据链路控制（SDLC）、二元同步控制（BSC）等协议都是它的具体实现方法。网络层是数据通信的最高层，负责分组的路由选择、拥塞控制等问题，为用户提供数据的准确传输，实现方式有数据报和虚电路两种，X.25 就是此层的典型协议之一。当然，数据通信的实现不一定都必须具有三层，比如 DDN 是在物理层实现数据传输，而帧中继是在链路层用简化方式传送和交换数据单元。

2. 数据信号传输

根据被传输数据信号的特点和传输信道类型的不同，有四种数据信号传输的基本方法：基带传输、频带传输（或称调制传输）、宽带传输和数字数据传输。

（1）基带传输。在数据通信中，由计算机或终端等数字设备产生的信号是二进制数字信号，这种信号称为基带信号。基带信号的特点是信号的主要能量集中于从零开始至某一频率的低通型频带，这种未经调制的基带信号所占用的低通型频带称为基本频带，简称基带。这个频带从直流起可高到数百千赫甚至若干兆赫。在信道中直接传输基带信号而不对其频谱进行搬移的传输方式就称为基带传输，基带传输是一种最简单、最基本的传输方式，不需要调制解调器，设备花费小，适合于短距离的数据传输。例如，从计算机到监视器、打印机等外设信号就是基带传输，并且大多数的局域网都使用基带传输，如以太网等。

（2）频带传输。远距离通信信道多为模拟信道，适用于模拟信号的传输，而不适用于直接传输频带很宽但能量集中在低频段的数字基带信号，因此需要利用频带传输。频带传输又称为调制传输，就是先将基带信号调制成适合于在模拟信道中传输的、具有较高频率范围的模拟信号，即频带信号，然后再将这种频带信号送入模拟信道中进行传输，在接收端经解调恢复为原始的基带信号。采用频带传输可以充分利用现有公用电话网的模拟信道，使其进行数据通信。

例如，传统的电话通信信道是为传输带通型的话音信号而设计的，它只适用于传输音频范围（300 Hz ~ 3.4 kHz）的模拟信号，不适用于直接传输计算机的数字基带信号，为了利用电话交换网来传输计算机之间的数字信号，就必须将数字信号转换成模拟信号。为此，需要在发送端选取音频范围的某一频率的正（余）弦模拟信号作为载波，用它运载所要传输的数字信号，通过电话信道将其进行传送；在接收端再将数字信号从载波上取出来，恢复为原来的数字信号波形。频带传输是一种利用模拟信道实现数字信号传输的方法，是在基带传输的基础上实现的，它与基带传输的区别在于在发送端增加了调制，在接收端增加了解调，以实现信号的频谱搬移。

（3）宽带传输。宽带指的是比音频或视频带宽还要宽的频带，使用这种宽频带进行的传输就称为宽带传输。宽带传输通过借助频带传输可以将链路容量分解成两个或更多的信道，每个信道可以携带不同的信号，这样就能把声音、图形、图像和数据信息综合在一个物理信道中进行传输，以此来满足用户对网络的特殊需求。宽带信号是基带信号经过调制后的信号，适用于远距离传输。它可以容纳所有的广播，并且还可以进行高速率的数据传输。宽带传输大多是用来传输模拟信号，是采用频带传输技术实现的，但频带传输不一定就是宽带传输。

（4）数字数据传输。在数字信道中传输数据信号称为数据信号的数字传输，简称数字数据传输。所谓数字信道就是通过对话音信号进行 PCM 处理后的数字化话音信号多路复用的信道，每路话音信号的编码速率是 64 kbit/s，经过多路合成后变为更高速率的数字信号，然后送入各种传输系统进行传输。我国采用的是 30 个话路为基群（或称一次群）的欧洲体系标准，其基群速率是 2.048 Mbit/s，使用基群中的一个或几个 64 kbit/s 的话路速率来传送数据信号即为数字数据传输。

（五）数据通信的交换技术

两端用户通过信道直接连接起来所构成的通信方式是点对点的通信。多个用户之间要进行数据通信，如果任意两个用户之间都使用直达线路进行连接，虽然简单方便，但线路利用率低。因此，通常将各个用户终端通过一个具有交换功能的网络连接起来，使得任何接入该网的两个用户终端由网络来实现适当的交换操作。

1. 数据交换的方式

利用交换网实现数据通信主要有两种途径：一是利用公用电话交换网进行数据传输和交换；二是利用公用数据交换网进行数据传输和交换。

（1）利用公用电话网进行数据传输和交换。公用电话网是目前普及的网络，为了充分利用现有公用电话网的资源，可以利用公用电话网进行数据传输和交换，在公用电话网上只须增添少量的设备，进行一些重要的测试之后就可以开展数据通信业务。利用公用电话交换网进行数据传输和交换的优点是投资少，易于实现且使用方便，正因如此，即使在公用数据网比较完善的情况下，公用电话网仍是一种不容忽视的数据传输和交换手段。然而，由于电话网是专门为电话通信设计的，因此对于数据通信而言存在一定的限制和缺陷，主要体现在以下方面：

第一，传输速率低。一般只能开通 200 ~ 4800 bit/s 的数据业务，目前已能做到更高速率的传输。

第二，传输差错率高。误码率一般在 10^{-5} ~ 10^{-3}，而且由于每次呼叫所连接的通路都不同，因而使得传输质量很不稳定。

第三，线路接续时间长，不适合高速数据传输。

第四，传输距离受限制。长途线路经多段转接使得群延时叠加，从而使信道恶化，要保证数据长距离传输的质量，必须采取线路均衡等措施，这样又会在经济上造成浪费。另外，利用公用电话交换网进行数据传输和交换还有接通率低、不易增加新功能等缺点。

（2）利用公用数据网进行数据传输和交换。利用公用数据网进行数据交换有两种方式：电路交换方式和"存储—转发"交换方式。电路交换方式又分为空分交换方式和时分交换方式；"存储—转发"交换方式又分为报文交换、分组交换和帧方式。

2. 数据交换的类型

（1）电路交换。数据通信中的电路交换指的是两台计算机或终端在互相通信之前须预先建立一条实际的物理链路，在通信中自始至终使用该条链路进行数据信息传输，并且不允许其他计算机或终端同时共享该链路，通信结束后再拆除这条物理链路。

当用户要求发送数据时，向本地交换局呼叫，在得到应答信号后，主叫用户开始发送被叫用户号码或地址；本地交换局根据被叫用户号码确定被叫用户属于哪一个局的管辖范围，并随之确定传输路由；如果被叫用户属于其他交换局，则将有关号码经局间中继线传送给被叫用户所在交换局，被叫端局呼叫被叫用户，从而在主叫用户和被叫用户之间建立一条固定的通信线路。在数据通信结束时，当其中一个用户表示通信完毕需要拆线时，该链路上各交换机将本次通信所占用的设备和通路释放，以供后续呼叫使用。

由此可见，采用电路交换方式，数据通信须经历呼叫建立（建立一条实际的物理链路）、数据传输和呼叫拆除三个阶段。

电路交换属于预分配电路资源，在一次接续中，电路资源就预先分配给一对用户固定使用，不管在这条电路上有无数据传输，电路一直被占用，直到双方通信完毕拆除电路连接为止。数据通信中的电路交换是根据电话交换原理发展起来的一种交换方式，但又不同于利用电话网进行数据交换的方式。在电路交换数据网上进行数据传输和交换与利用公用电话交换网进行数据传输和交换的区别主要体现在两个方面：①不需要调制解调器；②电路交换数据网采用的信令格式和通信过程不相同。实现电路交换的主要设备是电路交换机，它由交换电路部分和控制电路部分构成。交换电路部分用来实现主叫用户和被叫用户的连接，其核心是交换网，交换网可以采用空分交换方式和时分交换方式；控制部分的主要功能是根据主叫用户的选线信号控制交换电路完成接续。

（2）报文交换。报文交换属于"存储—转发"交换方式，与电路交换的原理不同，不需要提供通信双方的物理连接，当用户的报文到达交换机时，先将接收的报文暂时存储在交换机的存储器（内存或外存）中，当所需要的输出电路有空闲时再将该报文发向接收交换机或用户终端。报文交换是以报文为单位进行信息的接收、存储和转发，为了准确地实现报文转发，一份报文应包括以下三个部分：

第一，报头或标题，包括源地址、目的地址和其他辅助的控制信息等。

第二，报文正文，传输用户信息。

第三，报尾，表示报文的结束标志，若报文长度有规定则可省去此标志。

交换机中的通信控制器探寻各条输入用户线路，若某条用户线路有报文输入，则向中央处理机发出中断请求，并逐字把报文送入内存储器。一旦接收到报文结束标志，则表示一份报文已全部接收完毕，中央处理机对报文进行处理，如分析报头、判别和确定路由、输出排队表等；然后将报文转存到外部大容量存储器，等待一条空闲的输出线路。一旦线路空闲，就再把报文从外存报文交换机存储调入内存储器，经通信控制器向线路发送出去。在报文交换中，由于报文是经过存储的，因此通信就不是交互式或实时的。不过，对不同类型的信息可以设置不同的优先等级，优先级高的报文可以缩短排队等待时间。采用优先等级方式也可以在一定程度上支持交互式通信，在通信高峰时也可把优先级低的报文送入外存储器排队，以减少由于繁忙引起的阻塞。

（3）分组交换。分组交换也称为"包交换"，它是把要传送的数据信息分割成若干个比较短的、规格化的数据段，这些数据段称为"分组"（或称包），然后加上分组头，采用"存储—转发"的方式进行交换和传输；在接收端，将这些"分组"按顺序进行组合，还原成原数据信息，由于分组的长度较短，具有统一的格式，便于在交换机中存储和处理，"分组"进入交换机后只在主存储器中停留很短的时间就进行排队和处理，一旦确定了新的路由，就很快传输到下一个交换机或用户终端。分组由分组头和其后的用户数据部分组成。分组头含有接收地址和控制信息，其长度为 3 ~ 10 B；用户数据部分长度一般是固定的，平均为 128 B，最大不超过 256 B。

分组交换的工作原理如图 2-10 所示。假设分组交换网中有三个交换中心（又称交换节点），即图中的分组交换机 1、2、3，有 A、B、C、D 四个用户数据终端，其中 B 和 C 是分组型终端，A 和 D 是一般终端（非分组型终端）。分组型终端以分组的形式发送和接收信息，而一般终端发送和接收的是报文（或字符流），因此，一般终端发送的报文要由分组装拆设备（PAD）将其拆成若干个分组，以分组的形式在网络传输和交换；若接收终端为一般终端，则由 PAD 将若干个分组重新组装成报文再送给一般终端。

（4）帧方式。帧方式是一种快速分组技术，是分组交换的升级技术。具体地说，帧方式是在 ISO 参考模型的第 2 层（数据链路层上）使用简化的方式传送和交换数据单元的一种方式。由于数据链路层的数据单元一般称作帧，故称这种方式为帧方式。帧方式的重要特点之一是简化了分组交换网中分组交换机的功能，从而降低了传输时延，节省了开销，提高了信息传输效率。

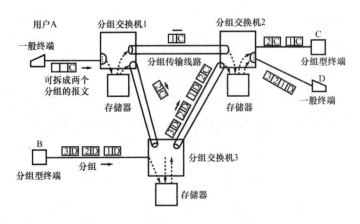

图 2-10　分组交换原理示意图

帧方式包括两种类型：帧交换和帧中继。由前述内容可知，分组交换机具有差错检测和纠错、流量控制、分组级逻辑信道复用等功能，而帧中继交换机只进行差错检测，但不纠错（检测出错误帧便将其丢掉），而且省去了流量控制、分组级逻辑信道复用等功能，纠错、流量控制等功能由终端去完成。帧交换和帧中继的区别在于帧交换保留了差错控制和流量控制功能，但不支持分组级的复用，这一点与分组交换不同。由此可见，帧中继比帧交换的功能更加简化，传输效率也更高，因此，目前广泛应用的是帧中继。

（六）数据通信网技术

一般来讲，以传输数据为主的网络称为数据网。数据通信网可以进行数据交换和远程信息的处理，其交换方式普遍采用"存储－转发"方式的分组交换。数据通信网是一个由分布在各地的数据终端设备、数据交换设备和数据传输链路所构成的网络，在网络协议（软件包括 OSI 下三层协议）的支持下，实现数据终端间的数据传输和交换。数据终端设备是数据网中的信息传输的源点和终点，其主要功能是向网中（传输链路）输出数据和从网中接收数据，并具有一定的数据处理和数据传输控制功能。数据终端设备可以是计算机，也可以是一般数据终端。

数据交换设备是数据交换网的核心，其基本功能是完成对接入交换节点的数据传输链路的汇集、转接接续和分配。需要说明的是，数字数据网（DDN）中没有交换设备，它采用数字交叉连接设备（DXC）作为数据传输链路的转接设备；在广播式数据网中也没有交换设备，它采用多址访问技术来共享传输媒体。数据传输链路是数据信号传输的通道，其中包括用户终端入网的路段（数据终端到交换机的链路）和交换机之间的传输链路。传输链路上数据信号的传输方式有基带传输、频带传输和数字数据传输等。

1. 分组交换网技术

（1）分组交换网的设备组成

从设备来看，分组交换网由以下部分组成：

第一，分组交换机。分组交换机是分组交换网的重要组成部分，分组交换机根据其在网络中的位置可分为两种：转接交换机和本地交换机。转接交换机容量大、线路端口数多、具有路由选择功能，主要与其他交换机互连；本地交换机容量小，只有局部交换功能，不具备路由选择功能。本地交换机可以接至数据终端，也可以接至转接交换机，但只可以与一个转接交换机相连，与网内其他数据终端通信时必须经过相应的转接交换机。分组交换机的主要功能包括：①提供网络的两项基本业务——交换虚电路和永久虚电路，实现分组在两种虚电路上的传送，完成信息交换任务；②实现 X.25 和 X.75 建议的各项功能；③如果交换机须直接接非分组型终端或经电话网接终端，则交换机还应有 X.3、X.28、X.29 和 X.32 等建议功能；④在转接交换机中应有路由选择功能，以便在网中选择一条最佳路由；⑤能进行流量控制，防止网络拥塞，使不用速率的终端能互相通信；⑥完成局部的维护、运行管理、故障报告与诊断、计费，以及一些网络的统计等功能；⑦提供其他补充业务，如网络用户识别等。

第二，用户终端。用户终端有两种：分组型终端和非分组型终端。分组型终端（如计算机或智能终端等）发送和接收的均是规格化的分组，可以按照 X.25 协议直接与分组交换网相连。而非分组型终端（如字符型终端）产生的用户数据不是分组，而是一连串字符（字节）。非分组型终端不能直接进入分组交换网，必须通过 PAD 才能接入到分组交换网。

第三，远程集中器。远程集中器（KCU）可以将离分组交换机较远地区的低速数据终端的数据集中起来后通过一条中、高速电路送往分组交换机，以提高电路利用率。RCU 中含 PAD 的功能，可使非分组型终端接入分组交换网。RCU 的功能介于分组交换机和 PAD 之间，也可理解为 PAD 的功能与容量的扩大。

第四，网络管理中心。网络管理中心（NMC）的主要任务包括：①收集全网的信息：收集的信息主要有交换机或线路的故障信息，检测规程差错、网络拥塞、通信异常等网络状况信息，通信时长与通信量多少的计费信息，以及呼叫建立时间、交换机交换量、分组延时等统计信息。②路由选择与拥塞控制：根据收集到的各种信息，协同交换机确定当时某一交换机至相关交换机的最佳路由。③网络配置的管理和用户管理：NMC 针对网内交换机、设备与线路等容量情况、用户所选用补充业务情况及用户名与其对照号码等，向所连接的交换机发出命令，修改用户参数表。另外，还能对分组交换机的应用软件进行管理。

④用户运行状态的监视与故障检测：通过显示各交换机和中继线的工作状态、负荷、业务量等掌握全网运行状态，检测故障。

传输线路是构成分组交换网的主要组成部分之一，包括交换机之间的中继传输线路和用户线路。交换机之间的中继传输线路主要有两种传输方式：一种是频带传输，速率为 9.6 kbit/s、48 kbit/s 和 64 kbit/s；另一种是数字数据传输（利用 DDN 作为交换机之间的传输通道），速率为 64 kbit/s、128 kbit/s、2 Mbit/s 甚至更高。用户线路有三种传输方式：基带传输、数字数据传输和频带传输。

（2）分组交换网的结构组成

从结构来说，分组交换网通常采用两级结构，根据业务量、流量、流向和地区情况设立一级和二级交换中心。

一级交换中心可采用转接交换机，一般设在大、中城市，它们之间相互连接构成的网通常称为骨干网。由于骨干网的业务量一般较大且各个方向都有业务，因此骨干网采用网状型网或不完全网状型网分布式结构。另外，通过某一级交换中心还可以与其他分组交换网互联。

二级交换中心可采用本地交换机，一般设在中、小城市。由于中、小城市之间的业务量较小，而它与大城市之间的业务量一般较多，因此从一级交换中心到二级交换中心一般采用星型结构，必要时也可采用不完全网状型网结构。

2. 数字数据网技术

由于分组交换受到自身技术特点的制约，节点机对所传信息的存储—转发和通信协议的处理使得分组交换网处理速度慢、网络时延大，使许多需要高速、实时数据通信业务的用户无法得到满意的服务。为了解决这些问题，数字数据网（DDN）应运而生。DDN 指的是利用数字信道传输数据信号的数据传输网，它利用光纤、数字微波和卫星等数字传输信道与交叉复用节点组成数字数据传输网，可以为用户提供半永久性交叉连接的数字数据传输信道，以满足各种用户的需求。所谓半永久性连接指的是所提供的信道属于非交换型信道（用户数据信息是根据事先约定的协议在固定通道频带和预先约定速率的情况下顺序连续传输），但在传输速率、到达地点和路由选择上并非完全不可改变，一旦用户提出改变申请，就由网管人员或在网络允许的情况下由用户自己对传输速率、传输数据的目的地和传输路由进行修改，但这种修改不是经常性的，因此称为半永久性交叉连接或本固定交叉连接。由此可见，DDN 一般不包括交换功能，智能采用数字交叉连接与复用装置。

（1）数字数据网的构成

DDN 的构成主要包括以下四个部分。

第一，本地传输系统。本地传输系统指的是从用户端至本地局之间的数字传输系统，即用户环路传输系统。在用户环路的一端是数据业务单元（DSU），另一端是位于本地局局内的用户线路终端设备（OCU）。DSU 可以是调制解调器或基带传输设备，也可以是时分复用、话音和数字复用等设备，其主要功能是业务的接入和输出。

第二，复用及数字交叉连接系统（DDN 节点）。在数字数据传输系统中，数据信道的时分复用器也是分级实现的。第 1 级先把来自多条不同速率的用户信号经 OCU 和 COM 统一转换成 64 kbit/s 的通用 DSO 信号，经交叉连接按 X.50 标准复合成 64 kbit/s 的零次群集合数据流，称为子速率复用；第 2 级是将 DQMUX 输出的 64 kbit/s 的集合数据流 DS。信号进一步按 32 路 PCM 系统的格式进行时分复用，局间传输还可以再向高次群复用。

第三，局间传输和同步定时系统。局间传输包括从本地局至市内中心局之间的市内传输，以及不同城市的中心局和中心局之间的长途传输。数字数据传输系统是同步时分复用系统，因此需要定时系统。

第四，网络管理系统。网络管理系统即网络管理中心（NMC），它可以方便地进行网络结构和业务的配置，实时地监视网络运行情况，进行网络信息、网络节点告警、线路利用情况等收集、统计报告。

（2）数字数据网的一般结构形式

第一，DDN 节点类型。从组网功能上分，DDN 节点可分为三种：$2M$ 节点、接入节点和用户节点。$2M$ 节点用于网上的骨干节点，执行网络业务的转换功能，并提供 2 Mbit/s 接口，对 $N \times 64$ kbit/s 的信号进行复用和交叉连接。接入节点主要为 DDN 各类业务提供接入功能，对小于 64 kbit/s 子速率信号复用和交叉连接，并提供帧中继业务和压缩语音 /G3 传真用户入网。用户节点主要为 DDN 用户入网提供接口，并进行必要的协议转换。

第二，DDN 的网络结构。DDN 一般为分级网。在骨干网中设置若干枢纽局（汇接局），枢纽局间采用网状连接，枢纽节点具有 E1 数字通道的汇接功能和 E1 公共备用数字通道功能。汇接指的是节点间的连接有一个从属关系，高等级节点在其服务范围内汇集所管辖的低等级节点业务；反之，两个低等级节点的用户通信都要经过高一级的节点转接来完成。非枢纽节点应至少对两个方向节点连接，并至少与一个枢纽节点连接。根据网络的业务情况，DDN 网可设置二级干线网和本地网。

第三，DDN 的基本功能层结构。按照网络的基本功能，DDN 又可以分为三层：用户接口层、接入层和核心层。

用户接口层为用户入网提供适配和转接功能，如小容量时分复用设备等。

接入层为 DDN 各类业务提供了速率复用和交叉连接、FR 业务用户接入和本地 FR 功能，以及压缩话音 /G3 传真用户入网。

核心层以 2M 电路构成骨干节点核心，执行网络业务的转接功能，其中包括 FR 业务的转接功能。

（3）数字数据网提供的业务

DDN 的基本业务就是向客户提供多种速率的数字数据专线服务，这种业务在数据通信领域的应用最为普遍，可以替代在模拟专线网或电话网上开放的数据业务，广泛应用于银行、证券、气象、文化教育等需要做专线业务的行业，适用于局域网（LAN）与广域网（WAN）的互联、不同类型网络的互联及会议电视等图像业务的传输；同时，为分组交换网用户提供接入分组交换网的数据传输通道。此外，DDN 还可以提供话音、数据轮询、FR、VPN、G3 传真、电视会议等服务，与多点专线业务。

3. 帧中继技术

帧中继（FR）技术是在 X.25 分组交换技术的基础上发展起来的一种快速分组交换技术，省略了 X.25 的分组级，避免了分组层的报文分组和重组，而且帧长是可变的。FR 仅完成 OSI 物理层和数据链路层的核心层的功能，在 OSI 第 2 层上用简化的方法传送和交换数据单元（单位是帧），它以数据链路层的帧为基础实现多条逻辑链路的统计复用和转换，没有网络层，因此称为"帧中继"。FR 将流量控制、纠错等功能留给智能终端去完成，大大简化了节点机之间的协议，缩短了传输时延，提高了传输效率。FR 采用虚电路技术，以虚电路标识一条连接，它只在虚电路的两端点之间进行确认和重发，在网络接口和网内各节点间不进行确认和重发，只进行检错，若有错就丢弃，因而能充分利用网络资源。

（1）帧中继的网络结构

FR 是以可变长帧为基础的数据传输网络，在通信过程中，用户终端设备把特定格式的帧送到帧中继网络（FRN），网络根据收到的帧中地址信息寻找合适的路由把帧送到目的地。

FR 节点有三个主要功能：①在第 2 层上的虚电路多路复用；②链路层故障检测；③将帧从一个中继节点转发到另一个中继节点。FR 节点的这些功能称为核心功能，由一个 LAPD 规程的子集来提供由于节点阻塞或帧不可靠等原因而没有通知相应的信息源时，可能会造成帧丢失。FR 节点只完成这些核心功能，可大大改进协议处理的总开销，因此，FRN 能有较高的吞吐量和较低的时延。

（2）帧中继的协议结构

由于 FR 节点机取消了 X.25 的第 3 层功能并简化了第 2 层功能，仅完成物理层和数据链路层核心层的功能，因此节点只有两层功能。智能化的终端设备将数据发送到链路层，并封装在 LAPD 核心层的帧结构中，完成以帧为单位的信息传送。FRN 不进行纠错、重发和流量控制等，帧不需要确认就能够在每个交换机中直接通过，如果网络检查出错误帧，则直接将其丢弃。纠错、流量控制等功能留给终端去完成，从而简化了节点机之间的处理过程。

（3）帧中继的帧格式

一帧包括以下四个字段。

第一，标志字段（F）：长度为 1B，格式为 01111110，用于帧定界，所有的帧以标志字段开头和结束，一帧的结束标志也可作为下一帧的起始标志。为了保证数据的透明传输，其他字段中不允许出现 F01111110）字段，3FRLAPD 核心协议也采用"0"比特填充的方法，即当发送端除了 F 字段之外，每发送 5 个连续的"1"比特之后就要插入一个"0"比特，而接收端对两个 F 字段之间的数据信息做相反的处理，即收到连续 5 个"1"之后，将随后而来的一个"0"比特删掉。

第二，地址字段（A）：用于区分同一通路上多个数据链路连接，以便实现帧的复用 / 分路。地址字段的长度一般为 2 B，根据需要也可扩展到 3 B 或 4 B。

第三，信息字段（I）：包含用户数据，可以是任意长度的比特序列，但必须是整数个字节。FR 信息字节的最大长度一般为 262 B（网络应能支持协商的信息字段的最大字节数至少是 1600）。

第四，帧校验序列（FCS）：用于校验帧差错，长度为 2 B。

（4）帧中继业务

FR 业务是在用户 – 网络接口（UNI）之间提供用户信息流的双向传送，并保持原顺序不变的一种承载业务。用户信息流以帧为单位在网络内传送，UNI 之间以虚电路进行连接，对用户信息流进行统计复用。FRN 提供的业务有两种：永久虚电路（PVC）业务和交换虚电路（SVC）业务。目前已建成的 FRN 大多只提供 PVC 业务。

4. 以太网技术

以太网（Ethernet）最初是美国 Xerox 公司和斯坦福大学合作于 1975 年推出的一种局域网规范，1990 年，交换型以太网得到了发展，并先后推出了 100 M 的快速以太网、1000 M 的千兆位以太网和 10 000 M 的万兆位以太网等更高速的以太网技术。以太网的帧格式特别适合于传输 IP 数据包，随着 Internet 的快速发展，以太网被广泛使用。

（1）以太网的媒体访问控制方式

以太网的媒体访问控制方式是以太网的核心技术，决定了以太网的主要网络性质。在公共总线或树型拓扑结构的局域网上，通常使用带碰撞检测的载波侦听多路访问技术

（CSMA/CD）。CSMA/CD 又称为随机访问或争用媒体技术，它讨论网络上多个站点如何共享一个广播型的公共传输媒体，即解决"下一个该轮到谁往媒体上发送帧"的问题。CSMA/CD 是一种完全分布的控制方法，没有任何集中控制部件和公共定时单元。对网络上的任何工作站来说，不存在预知的或由调度来安排的发送时间，每一站的发送都是随机发生的，网上所有站都在时间上对媒体进行争用。若在同一时刻有多个工作站向总线发送信息就会发生冲突，因此必须制定一个处理过程，以解决要发送信息的工作站当发现媒体忙时应怎样工作，以及当发生冲突时应怎样解决的问题。

CSMA/CD 的规则为：①如果媒体空闲，则传输；②如果媒体忙，一直监听直到信道空闲，马上传输；③如果在传输过程中检测到冲突，则立即取消传输；④发生冲突以后，等待一段随机时间，然后再试图传输（重复第①步）。

（2）以太网的组成

10BASE-T 以太网由集线器、网卡和双绞线组成。10BASE-T 表示 10 Mbit/s、基带传输、用双绞线连接。在以太网物理结构中，一个重要的功能块是编 / 译码模块；另一个重要的功能块称为"收发器"，它主要是往媒体发送信号和接收信号，并识别媒体是否存在信号和识别碰撞，一般置于网卡中。集线器（HUB）的主要功能是媒体上信号的再生和定时、检测碰撞、端口扩展。

（3）以太网的协议结构

以太网的网络体系结构是以局域网的 IEEE 802 参考模型为基础的，所有的以太网都遵循 IEEE 802.3 标准。IEEE 802 参考模型与 OSI/RM 的区别：① IEEE 802 用带地址的帧来传送数据，不存在中间交换，不要求路由选择，因此不需要网络层，在局域网中只保留了物理层和数据链路层；②数据链路层包括媒体接入控制子层（MAC）和逻辑链路控制子层（LLC）。MAC 子层负责媒体访问控制，以太网采用竞争方式，对于突发式业务，竞争技术是合适的。LLC 子层负责没有中间交换节点的两个站之间的数据帧的传输。它必须支持链路的多址访问特性；可以利用 MAC 子层来摆脱链路访问中的某些细节；必须提供某些属于第 3 层的功能，不但要有差错、流量控制功能，还要有复用、提供无连接的服务或面向连接的服务等功能。

二、现代通信技术的发展趋势

（一）宽带化发展

提高信息速率、获得更宽的带宽，可以说是通信技术发展中的永恒主题。通信网络各个环节所应用的技术都在追求更宽的带宽。这与计算机行业中，对于硬件处理能力的追求是非常类似的，CPU 的最高主频，总是在被不断刷新，无论是用户还是互联网网络公司的技术人员都在不停地追逐这一数字，尽管很多时候人们并不需要这么强大的计算机能力。归纳起来，推动传输带宽的增长主要有以下动力：

第一，更为丰富的通信业务。显然当运营商开通了新业务肯定会要求更高的带宽。

第二，通信业务的更高质量。例如，拨号上网用户对于 56 kbit/s 调制解调器的传输能力感到不满，转而要求使用可达数 Mbit/s 带宽的 ADSL 业务。

第三，来自设备制造商的推动。由于技术发展本身的内在推动力，当一种产品问世之后，总是会去研发它的后续产品。例如，实用的密集波分复用（DWDM）产品的传输能力迅速从 10Gbit/s、40 Gbit/s 发展到现在的 80 Gbit/s 和 160 Gbit/s；另外，设备制造商也需要不断有新的技术来推动市场的发展以及运营商的设备更新。

（二）多样化发展

对于用户来说，通信的根本目的是获取信息并进行有效使用，对于这些信息，他们甚至不会关心具体的获取方式；而且，通信向其他领域的渗透会产生新的应用。现有的人机交互手段，已经严重限制了这些应用的产生与使用。例如，手机对于很多人来说，已经不只是一种通信工具，它已成为一种日用必需品，围绕手机的各种应用具有广阔的发展前景，但手机的输入（多数手机只具有简单的数字小键盘输入）和输出（面积小而且分辨率、色彩质量不高的显示屏）严重限制了这些新应用。很多操作较为复杂的应用，就很难移植到手机平台上来。目前，绝大多数国际领先的通信研究机构，特别是研究用户终端设备的研究机构，先进的人机交互技术无一例外都是他们的重要研究方向。未来的人机交互方式会有以下发展趋势：

第一，通过包括视觉、味觉、嗅觉等在内的多种感觉方式来完成通信。目前对于通信所获得信息的利用，还局限于视觉（如上网）和听觉（如电话）更多、更丰富的感知方式，将使得通信设备可以和用户进行更为复杂的信息交互。

第二，已有的"多媒体"概念将得到进一步发展。综合动画、声音、图像、文本等多种交互手段在内的多媒体业务，显然是一个更为实际的概念，它更接近我们目前的应用水平。目前已经有了不少多媒体业务可供使用，如彩铃、彩信、视频电话、视频会议等。

第三，人机交互方式的发展，目的是提供能够更好地为人服务的通信业务。本质上讲，人机交互方式越接近人类熟悉的认知方式，用户从中获得信息就越容易，基于这些人机交互方式构造的业务也就更容易为人接受。在这一点上，通信技术的发展与其他很多技术有着类似的需求。

（三）广泛化发展

通信已经日益渗透到人们生活的每一个角落，通信技术将会以很多令人意想不到的方式渗透到各个行业，它与人们的日常生活也会结合得日趋紧密，将会在潜移默化中改变人们的生活。这必然会对通信技术的发展提出全新的要求。从通信环境来说，要实现在任意时间、任意地点，和任何人的通信，也就是尽量为人们的通信行为赋予更大自由度，使之不受某一具体通信技术的约束。从固定通信网到移动通信网进而到无处不在的可佩戴式通信设备的发展，即充分体现了任意地点这一要求；再比如说，不同网络间互联互通技术的发展，则是实现了和任何人通信这一要求。这既包括不同运营商之间同一通信技术之间的互通，也包括不同通信技术之间的融合（如已经出现的固话短信、无线公话等技术）。

从通信技术的载体，也就是可以进行通信的设备来看，越来越多的设备具有通信能力，可以进入通信网络中，这一变革极大地拓展了通信业务可能的应用范围。未来的通信设备，将不只是电话、寻呼机这样传统意义上的通信设备，随着 IPv6 的应用，人们可以为一个烹饪设备加入通信能力并分配 IP 地址，这样就可以在网上遥控家中的厨房。此外，很多这样的设备也可以自发地组织成一个局部的网络。例如，在智能家庭环境中，家中所有的音响设备可以组成一个网络，通过这一网络，不同设备之间可以任意交换音乐文件或者为音乐播放自动选择最为合适的音响设备。总之，更多的设备具有通信能力，也必然要求设计全新的业务模式，这也会推动新应用的产生。

（四）综合化发展

传统的通信网络基本上是一个单一业务的网络，话音、数据、视频等多种业务在传输上是分开的，而用户通常也把它们分别作为独立的业务来使用。

多种业务的综合不仅可以向用户提供更有吸引力的应用，也能够为运营商提供更多的收入。但是，多业务并不是原有的单一业务的简单叠加，它在很多方面对原有的通信技术与网络都提出了新的挑战。

目前，很多运营商都面临着"带宽过剩"的问题，包括国际线路、国内骨干网，甚至某些城市的城域网，都存在着这一问题。很多运营商也在不断推出各种新业务来"填满"这些带宽。但是，在这些业务中仍然缺乏"杀手级"应用，一个显著的原因就是很多新业务、综合业务的提供，并没有以吸引用户、方便用户为出发点，而是仅仅为了填补过剩的带宽。提高网络资源利率固然重要，但新业务并不应只是原有业务的简单叠加。

从传输技术的角度来看，原有以单一业务为主的网络基本上是分别传送不同的业务，甚至可以对不同的业务使用不同的传输技术，而在综合业务的环境下，就必然面对多种业务数据同时传输的问题。一方面，不同的通信业务，它们属性是不相同的，这些属性包括带宽、时延、时延抖动、误码率、丢包率等。以时延为例，话音业务对于时延要求显然是最严格的，视频业务其次，而数据业务（如拨号上网）可以容忍几秒甚至十几秒的时延。另一方面，已有网络多是针对单一业务传输而设计的。例如，PSTN、GSM 网络的设计主要针对话音业务，IP 网络的设计主要针对数据业务。在已有这些网络之上提供多种业务也是对通信技术的一个巨大挑战。

从管理角度来看，多种业务运营仍然会要求一个统一的管理与支撑环境。用户会要求得到统一的记费话单，运营商也希望能够集中地、统一地管理这些业务。此外，多种业务的运营也会涉及不同的政策制定者和管理机构。

（五）应用中心化发展

无论是通信网提供的多业务传输能力，还是终端提供的多种人机交互方式，其最终目的都是为了能够设计更吸引用户的应用。从这个意义上说，通信技术的发展只是提供了实现各种应用的平台。

1. 未来通信网络的技术要求

骨干网络：在未来的骨干网络中，高带宽是最基本的要求，其次还要求具有为不同业务类型提供服务质量保证（QoS）的能力。另外，灵活、智能化的管理手段也是不可或缺的，这些管理手段包括统一的运营支撑系统、开放的应用编程接口等，以方便业务的提供。

接入网络：首先，仍然是带宽问题，目前实现了宽带接入用户仍只占很小比例；其次，用户使用终端的业务能力会有很大差别，这一点也必须被充分考虑。

2. 未来通信平台新业务的提供

一个很好的通信平台也需要好的业务来实现它的价值，从某种意义上说，开发新业务的难度并不亚于通信技术的研发。对于未来通信业务的发展，目前主要有以下两种观点：

（1）以网络运营商为主导。由网络运营商来负责设计业务，并组织相关资源。支持这种观点的人认为，这有助于网络运营商抓住通信业务价值链的核心部分，这样的运营商也被称为"强势"运营商。

（2）以内容提供商（ICP）为主导。运营商只提供基本的技术平台，而由内容提供商设计业务并作为业务运营的主导。目前，中国移动、中国联通以短信为平台开展的各项业务均属于这一类型。

第二节　虚拟现实技术及发展变革

一、虚拟现实的认知

（一）虚拟现实的内涵阐释

"虚拟现实（VR）是一种人与计算机生成的虚拟环境之间可自然交互的人机界面。"[①] "它利用计算机生成一种模拟环境，是一种多源信息融合交互式的三维动态视景和实体行为的系统仿真，可借助传感头盔、数据手套等专业设备，让用户进入虚拟空间，实时感知和操作虚拟世界中的各种对象，从而通过视觉、触觉和听觉等获得身临其境的真实感受。虚拟现实技术是仿真技术的一个重要方向，是仿真技术与计算机图形学、人机接口技术、多媒体技术、传感技术和网络技术等多种技术的融合，是一门富有挑战性的交叉技术。"[②]

虚拟现实是一种能力，能让一个（或多个）用户在虚拟环境中执行一系列真实任务。虚拟现实是一个科学技术领域，利用计算机科学和行为界面，在虚拟世界中模拟 3D 实体之间实时交互的行为，让一个或多个用户通过感知运动通道，以一种伪自然的方式沉浸其中。用户通过虚拟环境与系统互动和交互反馈进行沉浸感模拟。关于这一概念，须补充以下说明：

第一，真实任务。实际上，即使任务是在虚拟环境中执行的，也是真实的。例如，人们可以在模拟器中学习驾驶飞机（如同飞行员所做的一样）。

第二，反馈。反馈指计算机利用数字信号合成的感官信息（如视觉、听觉、触觉），即对物体的组成和外观、声音或力的强度描述。

第三，互动。互动指用户通过移动、操作，或转移虚拟环境中的对象，对系统行为起到相应的反馈作用。同样，用户须注意虚拟空间传递的视觉、听觉和触觉信息。如果没有互动，则不能称之为虚拟现实体验。

第四，交互反馈。这些合成操作是由相对复杂的软件处理产生的，需要一定的时间。

---

① 刘颜东. 虚拟现实技术的现状与发展 [J]. 中国设备工程，2020（14）：162.

② 陈浩磊，邹湘军，陈燕，等. 虚拟现实技术的最新发展与展望 [J]. 中国科技论文在线，2011，6（01）：1.

如果持续时间过长，人们的大脑会感知为一个图片的固定显示，接着是下一个图片，会破坏视觉的连续性，进而破坏运动感觉。因此，反馈必须是交互的和难以觉察的，以获得良好的沉浸式体验。

（二）虚拟现实的主要特征

1. 沉浸感

虚拟现实的沉浸感是指用户在虚拟环境中感觉到的身临其境的程度。沉浸感是 VR 技术的一个关键目标，旨在使用户忘却周围的现实世界，全神贯注于虚拟环境中。具体实现包括以下方面：

（1）视觉效果。高质量的图形和视觉效果对于营造真实感至关重要。这包括逼真的图形、高分辨率的显示和低延迟的图像渲染，以确保用户在虚拟环境中看到的画面自然、流畅。

（2）音频效果。空间音频和 3D 音效可以增强用户对虚拟环境的感知。逼真的音效能够提供方向感，让用户感觉声音来自特定的方向，从而增加沉浸感。

（3）运动追踪。跟踪用户的头部和手部运动是创建沉浸感的关键。通过准确追踪用户的运动，虚拟环境能够更好地响应用户的动作，增加真实感。

（4）物理反馈。提供物理反馈，例如触觉反馈和力反馈，可以让用户感觉到虚拟环境中的物体和力量，增加沉浸感。

（5）全身追踪。不仅追踪头部和手部运动，还能够追踪用户的身体运动，使虚拟身体与现实世界的身体动作更为贴近，提高沉浸感。

2. 交互性

交互性指用户使用专门设备对虚拟环境内的物体可操作程度和从环境得到反馈的自然程度（包括实时性）。例如，用户可以用手直接抓取虚拟环境中的物体，这时手有触摸感，可以感觉物体的质量，场景中被抓的物体也立刻随着手的移动而移动。虚拟现实是利用计算机生成的一种模拟环境（如飞机驾驶舱、操作现场等），通过多种传感设备使用户"投入"到虚拟环境中，实现用户与虚拟环境直接进行自然交互的技术。

3. 构想力

构想力指用户沉浸在多维信息空间中，依靠个人感知和认知能力，全方位地获取知识，发挥主观能动性，寻求解答，形成新的概念。虚拟现实不仅是一个演示媒体，还是一个设计工具，以视觉形式反映设计者的思想。例如，当在盖一座现代化的大厦之前，首先要做的是对大厦的结构、外形做细致构思，为了使之定量化，还须设计许多图纸。当然，这些图纸只能内行人读懂,而虚拟现实则可以把这种构思变成看得见的虚拟物体和环境,使以往只能借助传统沙盘的设计模式提升到数字化所看即所得的完美境界,大大提高设计和规划的质量与效率。

二、虚拟现实技术的主要设备

(一)虚拟现实技术的输入设备

1. 虚拟物体操纵设备

(1)数据手套。虚拟手套是一种常见的虚拟物体操纵设备,在虚拟现实系统中主要用于人机交互,能够实现人手动作的还原。数据手套根据不同的应用场景,将各种姿势转换成不同的数字信号,并对数字信号进行加工处理,根据计算机中的特定算法和应用程序,执行不同动作的相应操作,并在虚拟世界中完成移动、控制等一系列操作。通常情况下,数据手套主要应用于跟踪系统,配合一些定位设备的使用,能够达到精确的定位效果。一些价格高昂的数据手套还具备反馈功能,具体指触碰到虚拟世界中的物体时,能够给予用户一定的触觉反馈,增强用户体验感。

(2)数据衣。数据手套的主要功能是将不同的手部动作作为客户端的输入,而数据衣主要作为客户端的输出。数据衣指将众多传感器集成在可穿戴的衣服上,通过衣服可以检测到人体的活动情况及各个关节的弯曲程度,再将数据输入计算机,计算机对数据进行建模,还能够模拟不同角色的运动。数据衣主要应用于三维动画,起到动作捕捉作用。

综上所述,数据衣的原理与数据手套基本相同,通过一系列光纤传感器,对捕获到的关节数据进行建模,将光信号转换成电信号,最终得到肢体的具体位置。

(3)力矩球。在实际应用中,又将力矩球称为空间球。力矩球是一种自由度很高的输入设备,将其固定在水平面上,不仅可以对其进行拉升、挤压,还能够来回摇摆,是为了更好地控制虚拟场景。根据力矩球的形变和施力,六个传感器和不同方位的记录信息,可以自动转化为平移和旋转的动作,并将具体的数据送到计算机中,最终完成显示。采用空间球进行模拟的最大优势是可以对实体进行操作,结构简单且使用时间长。

(4)操纵杆。可以将操纵杆视为一种塑料杆,其基本原理是将一种物理运动转换为可计算的电子信息。操纵杆主要用于完成手对操作物的控制。对于不同的操纵杆,操作技术以及传送信息的能力也存在一定的差异。

操纵杆上还分布了功能不同的按钮,这些按钮与操纵杆的移动原理类似,内部的电路在按下按钮时形成闭合回路,触发系统正常工作,目的是为了更加高效、快捷地对操纵杆进行控制，捕获相对细微的变化。但操纵杆也存在一定问题，只能够传递正向数据，不能区分前后运动。

2. 位置跟踪定位设备

虚拟现实技术具有很强的交互性，且是建立在三维空间基础之上。为了增加用户的体验感，捕获更加准确的信息，位置跟踪定位设备应运而生。位置跟踪定位设备是一种精度较高、出错率较小的定位设备，但位置跟踪定位设备对应用场景提出了较高要求，在场景中不能出现任何障碍物，阻碍实体与设备的数据传输，所跟踪的对象也不能产生抖动，否则测试数据会产生偏差。显示器和数据手套等设备均需要搭配定位设备使用，而空间跟踪定位装置为这些显示设备提供了良好的数据基础。如果没有定位系统，位置信息的处理可能会出现偏差，影响用户体验。

（1）电磁跟踪设备。通过电磁实现跟踪是目前应用最广泛的跟踪方式，电磁跟踪设备的应用场景也十分广泛。磁场跟踪设备主要依赖于低频磁场的传感器，传感器的主要设备是磁场发射器，发射器中的三个正交天线与接收端的正交天线相互作用，将计算出的数据交回给计算机处理。通过磁场的相互影响，可以准确计算出发射器的位置及大致方向，进而根据反射器推断出物体的准确位置。

电磁跟踪设备的一个显著特点是非接触。从整体上看，电磁跟踪设备主要是由发射机、接收机、传感器、计算单元构成，其原理是根据磁场对运动的物体进行精确的定位。下面以电磁式位置跟踪设备各个部件的功能展开具体论述。

发射机主要用于产生电磁场；接收器的功能是将所收到的信号转变为电信号；计算机主要是对数据、信号进行加工、处理。计算机内部具有强大的计算功能，多个数据的交叉重叠可以得出不同方位、不同维度的结果。通常情况下，人们将电磁跟踪设备分为交流电发射器和直流发射器两种基本类型，这是因为两种设备所产生的电磁场有所不同。

（2）声学跟踪设备。人耳能听到的声波频率为 20 ~ 20 kHz，当声波的振动频率大于 20 kHz 或者小于 20 Hz 时，人耳无法听见。通常把人耳能听到的声波称为可闻波，高于 20 kHz 的声波称为超声波，是一种机械振动波。

超声波的应用十分广泛。声学跟踪设备在一定范围内也属于无接触范畴。超声技术相比于其他技术，成本更低、更容易实现，结构也相对简单，使得声学跟踪设备备受欢迎。人耳听不到超声波，但是超声波在传播过程中会有明显衰减，传播距离受限，因此，声学跟踪设备的使用场景是小范围定位。

与电磁跟踪设备相同，声学跟踪设备是由发射机、接收机、传感器、计算机构成的，但声学跟踪设备一般不会受到电磁场影响，意味着不会受到周围物体的影响。

综上所述，声学跟踪设备具有不受外界影响的特点，可以将其安置在头盔上，不仅能够节约成本，还能够压缩设备体积。但是，声学跟踪设备存在一定问题。首先，实时性相对较差，在对时延有严格要求的系统中，声学跟踪设备并不适用；其次，声学跟踪设备的使用范围较小，不适合远距离传输。

（3）光学跟踪设备。光学跟踪设备是一种功能强大、精确度高的跟踪设备，是因为光学跟踪具有非接触性质，通过精确的光学计算，能够得到对象的位置和大致方位。光学跟踪是基于图像处理的，获取图像对于光学跟踪而言尤为重要，利用摄像机获取清晰的图像，并且通过复杂计算、时间测量等操作，才能够分析出对象的位置。光学跟踪中所使用的光学设备多种多样，光源也种类繁多，常见的有结构光、脉冲光、红外线等，其中结构光主要用于激光扫描，脉冲光主要用于雷达探测。

对于光学跟踪设备，最大的优势在于计算速度快、时延相对较低，在对实时性要求相对较高的情况下使用，但也存在一个致命的缺点，就是不能受到物体的阻挡，一旦遇到物体阻挡，整个系统就将无法正常工作。

3. 动作捕捉设备

动作捕捉设备指用于实现动作捕捉的专业技术设备。动作捕捉设备的种类较多，可以分为以下五类：

（1）电磁式动作捕捉设备。接收传感器、数据处理单元和发射源共同构成电磁式动作捕捉设备。接受传感器被放置在表演者身体的重要部分，随着表演者做出的动作在电磁场中进行运动，在电缆或者无线方式作用下，接收传感器像处理单元传送收到的信号，对信号进行分析和处理，解算出每个传感器的方向和空间位置；在空间中，发射源会形成按照一定的时空规律作为分布依据的电磁场。

较好的实时性、易用性和鲁棒性是电磁式动作捕捉设备最大的优势，其不足之处在于较低的采样率，不适合用捕捉快速动作，精度容易受到金属物电磁场畸变的影响，同时容易受到线缆式的制约和障碍，不适用于复杂动作的表演。

（2）声学式动作捕捉设备。接收系统、处理系统和发送装置共同构成声学式动作捕捉设备。其中，接收系统主要包括三个以上的超声探头阵列；发送装置主要指超声波发生器。测量一个发送装置发送声波到传感器的相位差或时间，进一步确定对接收传感器的距离，通过保持三角排列的三个接收传感器，能够获取距离信息，从而解算出超声发生器到接收器的方向和位置。声式学动作捕捉设备的缺点在于较低的实时性，容易受到多次反射和噪声的影响，而且精度较差；优点在于成本较低。

（3）光学式动作捕捉设备。利用跟踪和监视目标上的特定光点，促进动作捕捉任务的完成，便是光学式动作捕捉。计算机视觉原理是当下光学式动作捕捉主要使用的技术。光学相机在光学式动作捕捉设备中扮演采集传感器的角色。根据光学式动作捕捉设备应用的不同目标传感器类型，可以具体分为两种设备：一种是标记点式光学动作捕捉设备；另一种是无标记点视光学捕捉设备。前者的目标传感器是将标记点粘贴在物体上发挥作用；后者是指不加任何标记粘贴在物体上，其探测目标主要是三维形状特征或二维图像特征提取出的关键信息。

（4）机械式动作捕捉设备。机械式动作捕捉设备指依靠机械装置跟踪和测量物体运动轨迹的设备。多个数量的关节和刚性连杆共同构成机械式动作捕捉设备。角度传感器位于机械式动作捕捉设备中可转动关节的部位，对转动关节角度过程中的实时变化情况进行测量。当装置处于运动状态时，通过连杆长度和角度，使传感器对角度变化进行测量，最终准确算出空间中连根杆末端点的运动轨迹和位置。机械式动作捕捉设备的不足之处在于便捷性低，使用者的动作受到限制，无法实现表演的连贯性；优点在于高精度和低成本。

（5）惯性式动作捕捉设备。惯性传感器式动作捕捉设备主要包括姿态传感器、信号接收器及数据处理系统。其中，姿态传感器固定在人体的主要肢体部位上，运行方式是通过蓝牙等无线传输方式，将姿态信号传送至数据处理系统中再进行运动解算。其中，姿态传感器集成惯性传感器、重力传感器、加速度计等元素，能够获取各部分肢体的姿态信息，再结合骨骼的长度信息和骨骼层级连关系，最终计算出关节点的空间位置信息。惯性式传感动作捕捉设备的优点是便于携带、操作简单，不受空间限制。

（二）虚拟现实技术的输出设备

1. 视觉感知设备

（1）头盔显示器。头盔显示器是三维显示技术中发展最完善的设备，"在众多显示设备中，头盔显示器以高沉浸感、实时交互性极其广阔的应用领域，在虚拟现实与增强现实技术中占据重要地位"[①]。头盔显示器的使用方法是用机械的方法将头盔显示器固定在用户头部，要求头与头盔之间不能有相对运动。当头部动作发生时，头盔显示器会自然地随着头部运动而运动。头盔显示器中配置有位置跟踪器，可以对用户的头部位置进行实时探测，并及时反馈给计算机。计算机再根据反馈的数据信息，生成相应的图像场景，并在头盔显示器的屏幕上加以显示。头盔显示器应小巧，才能方便用户佩戴。因此，头盔显示

---

① 高源，刘越，程德文，等. 头盔显示器发展综述 [J]. 计算机辅助设计与图形学学报，2016，28（06）：896.

器的显示屏与用户眼睛之间的距离较短,目的是保障用户在佩戴头盔显示器时,能在近距离看清显示图像,且不易产生视觉疲劳,为此需要用专门的镜片进行调节。

(2)吊杆式显示器。吊杆式显示器也称为双目全方位显示器,是一种可移动式显示器,是将两个独立的 CRT 显示器捆绑在一起,且由两个互相垂直的机械臂支撑,可以让显示器在半径两米的球形空间内自由移动。吊杆上每个结点处都有三维定位跟踪装置,可以精确定位显示器在空间中的位置和朝向。

(3)洞穴式显示系统。洞穴式显示系统是一种较理想的沉浸式虚拟现实环境,是基于多通道视景同步技术、三维空间整型校正算法、立体显示技术的房间式可视协同环境。用户在洞穴空间中不仅可以感受到周围环境的影响,还可以获得高仿真的三维立体视听声音,可以利用相应的跟踪器和交互设备,实现自由度的交互感受。

(4)响应工作台显示设备。响应工作台显示设备是计算机通过多传感器交互通道向用户提供视觉、听觉、触觉等多模态信息,具有非沉浸式、支持多用户协同工作的立体显示装置。工作台一般由 CRT 投影仪、反射镜和具有散射功能的显示屏(散射屏)组成。顶部的 CRT 投影仪把图像投影到竖直的散射屏;底部的 CRT 投影仪对准反射镜,把图像投影到反射镜面上,再由反射镜将图像反射到倾斜的散射屏上。图像被两块散射屏同时通过漫散射向屏上反射。若多个用户佩戴立体眼镜坐在工作台周围,则可以同时在立体显示屏中看到三维对象浮在工作台上面。因此,虚拟景象具有较强的立体感。

(5)三维打印机。三维打印技术被铺天盖地的宣传包围着,因为未来极有可能在全世界引领一次制造业的文艺复兴,也是因为这门技术使得每个人都突然有能力在自己的作坊里制造设备。在很多领域中,三维打印技术正在创造革命性变化,特别是在设计与新产品原型开发、艺术品创作,以及抽象概念可视化等方面。从概念上来讲,三维打印技术非常容易被理解。一个打印物品的创建是从零开始的,通过每轮打印添加一层材料的方式实现,直到作品完成。这个过程有很多自然界的示例,在上千年的发展中,很多初级技术都使用了新名称,如堆砌砖墙。

第一,三维打印的影响。三维打印行业一直不断扩大、成长和与时俱进。众多行业都意识到三维打印行业的丰厚利润和前景,因而市场发展更加迅速。自从最初的实践者首先开发出这项技术以来,许多新型的三维打印技术被创造出来,有的是新颖的,有的只是原有技术的变种。在可用材料开发和研究,以及探索其最优化性能以达到最终使用要求方面,取得了许多进展。所有这些原始技术均是从快速成形、分层制造和实体自由制造等方面开始,最初的设计仅适用于高分子材料,只是快速制作原型,或对零件进行展示和说明。随着技术的发展,三维打印制造出的功能原型或零件可以应用于各种环境中,日益发展的三维打印产业已然融入工业体系中。自第一台三维打印机诞生起，其所占据的全球市场份额便一直在增长。

第二，三维打印的发展。"'三维打印'技术可以随时随地将数字化设计转变成三维的物理对象，而且成本十分低廉。许多工业界、学术界和政府机构中具有前瞻性的思想家和远见者都看到了三维打印的价值。大到飞机、汽车配件，小到人体器官、牙齿等，三维打印技术的应用无处不在，而其在地球科学和石油天然气工业中的应用范围也正在迅速扩大。"[①]桌面三维打印机已经逐渐成熟起来，需要有一个重要的学习曲线、更人性化的机器。由于台式机已经稳定，有更多需求的用户已经进入各种规模的三维打印领域。

改善用户体验。三维打印机发展得非常迅速，在性能和价格上的竞争也变得异常激烈。一些制造商已经开发出简化的用户界面，但这些接口限制了用户可以打印的对象类型。换句话说，开源三维打印机需要用户设置大量参数。随着时间的推移，自动分析输入文件和优化打印方式，可能会以某种方式进入消费空间。寻找三维打印机自我的校准和调整方法，也让人们感兴趣。但受到消费级打印机的成本和复杂度的限制，要找到这些方法具有挑战性，尽管如此，各种解决方案将会在未来几年内出现。

打印更快捷。三维打印速度仍然较慢。打印会花费数小时，甚至数天，有些局限性是物理的，需要在下一层冷却后才能放置在上面。目前，以长丝为基础的机器正突破这些物理限制。一些项目正使用低成本打印机"农场"并行地生产大量的订制产品。

新的打印材料。新的长丝材料是定期出现的。长丝品种可能会随着市场的扩大继续增加，新的用户会需要具有特定性质的材料，如高强度、较大的弹性、胶的附着力要好等。当前，三维打印机需要直径能被精确控制的长丝。这种不变性使得长丝的回收受到挑战，尤其是在个人家庭，人们尝试设计出回收长丝的机器。现在，长丝的成本占三维打印机总成本非常大的比例，如果可以降低，三维打印的成本也会显著下降。

2. 听觉感知设备

听觉信息是虚拟现实系统中仅次于视觉信息的传感通道。听觉通道给人的听觉系统提供声音显示，也是创建虚拟世界的重要组成部分。听觉通道要为用户提供身临其境的逼真感觉，必须达到一定要求。听觉通道要让用户置身于立体的声场中，能够清楚识别声音的类型和强度，准确判定声源的位置。在虚拟现实系统中加入与视觉并行的三维虚拟声音，一方面，可以增强用户在虚拟世界中的沉浸感和交互性，这是因为听觉感知设备是在三维虚拟空间中把实际声音信号定位到特定的虚拟声源，以及实时跟踪虚拟声源位置变化或景

---

① 王大锐. 魅力无穷的地球科学三维打印技术 [J]. 石油知识，2021（05）：17.

象变化；另一方面，可以减弱大脑对于视觉的依赖性，从而降低沉浸感对视觉信息的要求，使用户能够从既有视觉感受又有听觉感受的环境中获取更多的信息。虚拟环境中的虚拟声音是通过立体声设备输出的，典型的传感器是立体声耳机和多声道音箱。当前的立体声耳机已经具有良好的音响效果，能够模仿出自然界的音响及人类的语音。

3. 触觉和力觉反馈设备

触觉和力觉反馈器系统改变了以往基于视觉与听觉和键盘、鼠标等传统的二维人机交互技术，为使用者提供了一种更加自然和直观的基于力和触觉的人机交互方式。用户可以利用触觉和力觉信息感知虚拟世界中物体位置和方位或者操纵和移动物体完成某种任务。触觉和力觉的存在，使得人与虚拟环境的交互更加精确。触觉反馈设备可以使实验者在接触到三维虚拟物体时产生触感，并进一步感受到物体的形状、纹理、温度等信息；力觉反馈设备可以使实验者在操控虚拟实验物品或设备时，感受到重量或力的大小与方向。触觉与力觉反馈设备可以使实验者在实验过程中获得更加真实的感受。

（三）虚拟现实技术的生成设备

1. 虚拟现实生成设备的要求

（1）帧频及延迟时间。虚拟现实技术要求高速的帧频和快速响应，是由于其内在的交互性质。所谓帧频，指新场景更新旧场景的时间，当达到每秒 20 帧以上时会产生连续运动的幻觉。在计算机硬件中，帧频可分为图形的帧频、计算的帧频、数据存取的帧频。其中，图形帧频是维持虚拟现实系统临场及沉浸感的关键。图形帧频应尽可能高，如果图形显示依靠计算和数据存取，则计算和数据存取帧频最低必须为每秒 8 ~ 10 帧，才能维持用户看到时间演化的幻觉。

虚拟现实系统要有实时性交互。如果生成设备的响应时间过长，将严重影响用户的沉浸感，甚至可能引发人体不适，严重时会使用户出现头晕呕吐的现象。延迟时间指从用户做动作开始，经过三维空间跟踪器感知用户位置，将位置信号传送给计算机，计算机再计算出新的显示场景，把新的场景传送给视觉显示设备，直到视觉显示设备显示出新的场景所花费的时间。影响延迟时间的因素有很多，如计算时间、数据存取时间、绘制时间及外部的输入/输出设备数据处理时间，都会延迟时间造成的影响。延迟与帧频之间具有关联性，但并不同步，系统可能有高帧频，也有较大的延迟时间，显示的图像和提供的计算结果可能是几帧以前的。

（2）计算能力与场景复杂性。虚拟现实技术中的图形显示是一种时间受限的计算。这是因为显示的帧频必须符合人的因素要求，至少要大于每秒 8 帧。也就是说，在 0.1 s 内必须要完成一次场景的计算。如果一个显示的场景中有 10 000 个图形，表示这个场景较为复杂。这样，在每秒进行的 10 次计算中应该计算 100 000 个图形，要求虚拟现实技术的生产设备要有很强的计算能力。要追求逼真的仿真效果，要增加场景的复杂性。显示场景越复杂，仿真效果越好。对此需要计算机拥有强大的计算能力，每秒能够计算出尽可能多的图形。相反，如果使用性能较差的计算机，会限制计算能力，从而限制场景复杂性。每个场景都只能依靠少量的图形产生粗糙的显示。

2. 虚拟现实生成设备的类型

（1）个人计算机。当前，最大的计算机系统由遍布世界各地的几千万台个人计算机组成。个人计算机具有价格低、容易普及和发展性的优点，个人计算机的 CPU 和三维图形卡的处理速度也在不断提高。不仅如此，还可以通过安装多块 CPU 和多块三维图形卡，将三维处理任务分派给不同的 CPU 和图形卡，使个人计算机的性能得到成倍提高。

（2）高性能图形工作站。在当前的计算机应用中，图形工作站是仅次于个人计算机的最大计算机系统。与个人计算机系统相比，工作站系统具有更强的计算机能力、更大的磁盘空间、更快的通信方式，在数据处理和图像处理上更加专业。

图形工作站是一种专业从事图形、图像（静态、动态）与视频工作的高档次专用计算机的总称。图形工作站图形处理能力，能够让其适用于三维动画、数据可视化处理乃至 CAD/CAM/CAE 制图。图形工作站被广泛应用于专业平面设计、视频编辑、影视动画、视频监控与检测、军事仿真等领域中。

（3）超级计算机。超级计算机又称巨型机，是计算机中功能最全、运算速度最快、存储量最大、价格最贵的计算机类型。超级计算机的基本组成组件与个人计算机无太大差异，但规格与性能比个人计算机强大很多，是一种超大型的电子计算机。超级计算机具有强大的数据计算和处理能力，主要特点是高速度、大容量。超级计算机不仅配有多种外部和外围设备，还配有丰富的、高功能的软件系统。现有的超级计算机运算速度大都可以达到每秒 1 太（Trillion，万亿）次以上。

超级计算机作为高科技发展要素，已成为世界各国开展经济竞争、巩固国防实力的竞争利器。我国科技工作者经过数十年研究，将我国高性能计算机的研制水平提升到世界前列。超级计算机主要用在国家高科技领域及国防尖端技术的研发中。

三、虚拟现实系统的关键技术

（一）环境建模技术

在虚拟现实系统中，环境建模应该包括基于视觉、听觉、触觉、力觉、味觉等多种感觉通道的建模。

1. 几何建模技术

建模是开发虚拟现实应用系统的核心和关键，然而，几何建模是虚拟现实建模中的基础。传统意义上的虚拟场景基本上都是基于几何的，是用数学意义上的曲线、曲面等数学模型预先定义好虚拟场景的几何轮廓，再采取纹理映射、光照等数学模型加以渲染。在这种意义上，大多数虚拟现实系统的主要部分是构造一个虚拟环境并从不同的路径方向进行漫游。要达到这个目标，首先，是构造几何模型；其次，是模拟虚拟照相机在 6 个自由度运动，并得到相应的输出画面。基于几何的建模技术主要研究对象是对物体几何信息的表示与处理，涉及几何信息数据结构及相关构造的表示与操纵数据结构的算法建模方法。

几何模型一般可分为面模型与体模型两类。面模型用面片表现对象的表面，其基本几何元素多为三角形；体模型用体素描述对象的结构，其基本几何元素多为四面体。模型相对简单，而且建模与绘制技术相对成熟，处理方便，但难以进行整体形式的体操作（如拉伸、压缩等），多用于刚体对象的几何建模。体模型拥有对象的内部信息，可以很好地表达模型在外力作用下的体特征（如变形、分裂等），但计算的时间与空间复杂度相应增加，一般用于软体对象的几何建模。

2. 物理建模技术

在虚拟现实系统中，虚拟物体（包括用户的图像）必须像真的一样，至少固体物质不能彼此穿过，物体在被推、拉、抓取时应按预期方式运动。所以，几何建模的下一步发展是物理建模，也就是在建模时考虑对象的物理属性。虚拟现实系统的物理建模是基于物理方法的建模，往往采用微分方程描述，使其构成动力学系统。这种动力学系统由系统分析和系统仿真研究。系统仿真实际上是动力学系统的物理仿真。典型的物理建模方法有分形技术和粒子系统等。

（1）分形技术。分形技术指用于描述具有自相似特征的数据集。自相似的典型例子是树，若不考虑树叶的区别，当靠近树梢时，树的树梢看起来像一棵大树，由相关的一组树梢构成的一根树枝；从一定距离观察时，也像一棵大树。当然，由树枝构成的树从适当的距离看时自然是一棵树。虽然这种分析并不十分精确，但比较接近。这种结构上的自相似称为统计意义上的自相似。

自相似结构可用于复杂的不规则外形物体的建模。该技术最先被用于河流和山体的地理特征建模。例如，人们可利用三角形生成一个随机高度的地形模型，取三角形三边的中点并按顺序连接起来。将三角形分割成四个三角形，在每个中点随机赋予一个高度值，然后递归上述过程，我们就可产生相当真实的山体。

分形技术的优点是用简单的操作可以完成复杂的不规则物体建模；缺点是计算量大，

不利于实时性。因此，在虚拟现实中一般仅用于静态远景的建模。

（2）粒子系统。粒子系统是一种典型的物理建模系统，粒子系统是用简单的体素完成复杂的运动建模。所谓体素是用于构造物体的原子单位，体素的选取决定建模系统所能构造的对象范围。粒子系统由大量称为粒子的简单体素构成，每个粒子具有位置、速度、颜色和生命周期等属性，这些属性可根据动力学计算和随机过程得到。根据这个可以产生运动的画面，在虚拟现实中，粒子系统常用于描述火焰、水流、雨雪、旋风、喷泉等现象。为产生逼真的图形，要求有效的反走样，并需要花费大量的绘制时间。在虚拟现实中粒子系统用于动态的、运动的物体建模。

3. 行为建模技术

几何建模与物理建模相结合，可以部分实现虚拟现实"看起来真实、动起来真实"的特征，要构造一个能够逼真地模拟现实世界的虚拟环境，必须采用行为建模行为。

在虚拟现实应用系统中，很多情况下要求仿真自主智能体，如训练、教育和娱乐等领域，这些智能体起到的作用是对手、训练者、同伴等。这些智能体具有一定的智能性，所以又称为 Agent 建模，负责物体的运动和行为描述。行为建模技术主要研究的是物体运动的处理和对其行为的描述，体现出虚拟环境中建模的特征。也就是说，行为建模是在创建模型的同时，不仅赋予模型外形、质感等表现特征，也赋予模型物理属性和"与生俱来"的行为与反应能力，并且服从一定的客观规律。虚拟环境中的行为动画与传统的计算机动画还有很大不同，主要表现在以下两个方面：

（1）在计算机动画中，动画制作人员可控制整个动画场景，而在虚拟环境中，用户与虚拟环境可以任何方式进行自由交互。

（2）在计算机动画中，动画制作人员可完全计划动画中物体的运动过程，而在虚拟环境中，设计人员只能规定在某些特定条件下物体如何运动。

4. 听觉建模技术

（1）声音的空间分布。声音的空间分布指人们能够正确判断在不同位置的声音源，当人们还看不到物体时，通过听到的声音就能知道声音源来自前面、后面或是侧面，这就要求考虑被传送声音的复杂频谱。在声音定位中，不仅与传给两耳的信号间的强度与时间相位差有关，更重要的是取决于进入耳朵的声音产生的频谱。这就是与头有关的传递函数（HRTF）。在真实的反射环境时，传递函数受到环境声结构和人体结构的影响。通常测量 HRTF 的方法是将一种探针式麦克风放在测试人员的耳道中，然后在某一位置播放已知的特定频率的声音信号，再根据麦克风所获得的信号计算得到 HRTF。当然，还没有一种更为科学的、精确的方法进行测量。一旦得到 HRTF，对给定的声源定位需要考虑

HRTF，实现仿真。

（2）房间声学建模。当人处于一个房间中时，建模很复杂，这时还必须考虑声音源的反射（回声）。在回声空间中，一个声音源的声场建模为在无回声环境中第一个初始声音源和一组离散的第二声音源（回声）。第二声源可以由三个主要特性描述：距离（延迟）；相对第一声音源的频谱修改（它有空气吸收，碰到物体表面反射，第一初始声源方向，传播衰减等）；入射方向（方位和高低）。

一般用两种方法找到第二声音源：镜面图像法和射线跟踪法。镜面图像法是类似在光学中镜面反射的一种方法，由第一声音源和反射物体表面可找到第二声音源的位置，然后第二声音源反射出的第三声音源。射线跟踪法只考虑第一声音源发出的若干数量射线，再考虑这些射线碰到物体表面而产生的反射现象。射线跟踪方法的优点是，即使只有很少的处理时间，也能产生合理的结果。通过调节可用射线数目，改变声音的显示频率。镜面图像方法由于采用的算法是递归的，很难通过改变比例减少计算量，所以有时对真实性会产生影响。射线跟踪在复杂的环境中容易得到更好的结果，因为处理时间与表面数目的关系是线性而不是指数的。虽然对给定的测试情况，镜面图像法更有效，但在某些情况下，射线跟踪法性能更好。

（二）立体显示技术

在虚拟现实技术中，实现立体显示是最基本的技术之一。由于人的两只眼睛有 6 ~ 8 cm 的距离，左右眼各自处在不同的位置，所看到的画面存在细微差异。正是这种视差，使人的大脑能够将两眼看到的细微差别图像进行融合，从而在大脑中产生有空间感的立体物体。在一般的二维图片中，保存了的三维信息，通过图像的灰度变化反映，这种方法只能产生部分深度信息的恢复，而立体图是通过让左右双眼接收不同的图像，从而恢复三维信息，立体图的产生基本过程是对同一场景分别产生两个相应于左右双眼的不同图像，让它们之间具有一定视差，从而保存深度立体信息。在观察时，借助立体眼镜等设备，使左右双眼只能看到与之相应的图像，视线相交于三维空间中的一点上，从而恢复三维深度信息。

1.彩色眼镜法

戴红绿滤色片看立体电影，可以实现高度的视觉沉浸感，这种方法称为彩色眼镜法。其原理是在进行电影拍摄时，模拟人的双眼位置从左右两个视角拍摄出两个影像，然后分别以滤光片（通常为红、绿滤光片为多）投印到同一画面上，制成一条电影胶片。在放映时，观众须戴上一个镜片为红色，另一个镜片为绿色的眼镜，利用红或绿色滤光片能吸收其他光线，而只能让相同颜色的光线透过的特点，使不同的光波波长通过红镜片的眼睛只能看到红色影像，通过绿色镜片的眼睛只能看到绿色影像，实现立体电影。但是，由于滤光镜限制了色度，只能让观众欣赏到黑白效果的立体电影，而且观众两眼的色觉不平衡，很容易疲劳。

2. 偏振光眼镜法

在彩色眼镜法后，又出现了偏振光眼镜法。光波是一种横波，当通过媒质时或被一些媒质反射、折射及吸收后，会产生偏振现象，成为定向传播的偏振光，偏振片是使光通过后成为偏振光的一种薄膜，是由能够直线排列的晶体物质（如电气石晶体等）均匀加入聚氯乙烯或其他透明胶膜中，经过定向拉伸而成。拉伸后胶膜中的晶体物质排列整齐，形成极细窄缝，使只有振动方向与窄缝方向相同的光通过，成为偏振光。当光通过第一个偏振片时形成偏振光，只有当第二个偏振光片与第一个偏振光片窄缝平行时才能通过；当第二个偏振光片与第一个偏振光片窄缝垂直时，光不能通过。

偏振光眼镜法是在立体电影放映时，采用两个电影机同时放映两个画面，重叠在一个屏幕上，并且在放映机镜头前分别装有两个相差互为90°的偏振光镜片，投影在不会破坏偏振方向的金属幕上，成为重叠的双影，观看时观众戴上偏振轴互为90°，并与放映画面的偏振光相应的偏光眼镜，即可把双影分开，形成一个立体效果的图像。偏光眼镜法可让观众欣赏到质量更高的彩色立体电影。

3. 串行式立体显示法

要显示立体图像主要有两种方法：一种是同时显示技术，即在屏幕上同时显示不分别对应左右眼的两幅图像；另一种是分时显示技术，即以一定的频率交替显示两幅图像。同时，显示技术采用的彩色眼镜法和偏振光眼镜法，如彩色眼镜法是对两幅图像用不同波长的光显示，用户的立体眼镜片分别配以不同波长的滤光片，使双眼只能看到相应的图像。这种技术在20世纪50年代曾广泛应用于立体电影放映系统中，但是在现代计算机图形学和可视化领域中，主要是采用光栅显示器，其显示方式与显示内容无关，很难根据图像内容决定显示的波长。因此，这种技术不适合计算机图形学的立体图绘制。

头盔显示器是一种同时显示的并行式头盔式显示装置，左右两眼分别对输入不同的图像源，同时由于对图像源的要求较高，所以一般条件下制造的头盔显示器十分笨重。比较理想的应用是对图像源的要求不同于并行式高的串行式立体显示技术，但技术难度比并行式大得多，制造成本较高。目前应用中较多的是分时串行立体显示技术，是以一定频率交替显示两幅图像，用户通过以相同频率同步切换的有源或无源眼镜进行观察，使用户双眼只能看到相应的图像，其真实感较强。

串行式立体显示设备主要分为机械式、光电式两种。最初的立体显示设备是机械式的，但通过机械设备实现"开关效应"难度较大，并不实用。随之光电式的串行式设备诞生，是基于液晶的光电性质，用液晶设备作为显示"快门"，这种技术已成为当前立体显示设备的主流。

一般情况下，液晶光阀眼镜由系统两个控制快门（液晶片）、一个同步信号光电转换器组成。其中，光电转换器负责将 CRT 依次显示左、右画面的同步信号传递给液晶眼镜，当被转换为电信号后用以控制液晶快门的开关，从而实现左右眼看到对应的图像，使人获得立体的感觉。同时，液晶光阀眼镜的开关转换频率对图像立体效果的形成起到关键性作用。转换频率太低时，则由于人眼所维持的图像已消失，不能得到三维图像的感受；转换频率太高时，会出现干扰现象，即一只眼睛可以看到两幅图像，原图像较为清晰，干扰图像较模糊。这是因为液晶光阀眼镜的开关机构切换光阀的动作太慢。当显示器的图像切换时，同步信号被光电转换器送到开关机构，开关机构又来控制光阀，从图像切换到光阀切换之间有一个较大的时间延迟，当右图像已经被切换为左图像时，右光阀仍没有来得及完全关闭，造成右眼也能看到左眼的图像。一般来说，转换频率控制在 40 ~ 60 帧为宜。

4. 裸眼立体显示法

一些科技公司生产出一种可以不用戴立体眼镜，而直接采用裸眼就可观看的立体液晶显示器，让人类摆脱了 3D 眼镜的束缚，给人们带来震撼效果，也极大地激发了各大电子公司对 3D 液晶显示技术研发的热情，很多新的技术与产品不断出现。为了保证 3D 产品之间的兼容性，夏普、索尼、三洋、东芝、微软公司等 100 多家公司组成 3D 联盟，共同开发 3D 立体显示产品。

三维立体液晶显示技术巧妙结合了双眼的视觉差和图片三维原理，自动生成两幅图片，一幅给左眼看，另一幅给右眼看，使人的双眼产生视觉差异。由于双眼观看液晶的角度不同，不用戴上立体眼镜就可以看到立体图像。当然，这种液晶显示器也可工作在二维状态下。

LG 设计的 3D 液晶显示器，通过位于显示器上方的摄像头掌握收视者的状态，可根据收视者的头部动作改变显示影像位置，即使用户视线移动，也可继续显示立体影像，多人收看时，以位于中间的人的头部为准。当然，这些产品也存在一定缺点，典型的是对观察者的视点有一定要求，不能在任意视角观察，这一缺点也期待在以后的发展中得到解决。

（三）三维虚拟声音的实现技术

1. 语音识别技术

随着信息技术的不断发展，人类社会进入信息时代，信息时代的一大特点是身份的数字化，对此需要解决的一个关键问题是如何准确识别一个人的身份，而其中一种解决方案是生物特征识别技术。

近年来，以指纹、人脸、虹膜等生理特征作为识别对象的生物识别技术在众多领域快速发展，获得广泛应用，主要是因为这些生理特征对于同一个人有相对稳定性、对于不同人有相对独特性的特点，识别效果较好。相比其他生物特征识别技术，语音识别以独特的优势被逐渐应用到许多领域。语音技术从原始的语音中提取出个人特征，只需要收集语音而不需要与人直接接触，使用者更易于接受；对设备的要求较低，只需要一个带有录音功能的设备即可。人脸、指纹等识别技术要使用专业的扫描设备，一般价格比较昂贵，用户要进行认证还需要到指定的地点。

语音识别较其他生物识别技术具有明显优势，可以应用在公安和司法部门等领域。通过采用语音识别方法，执法机构可以快速、高效地抓捕到嫌疑人。语音识别技术还可以应用于金融、养老、教育等领域。"远程识别"是语音识别技术的一个重要部分，指无论人们走到哪里，都可以通过比对语音信息实现方便、快速的身份认证。随着移动通信技术的快速发展，电话等移动通信设备可以实现"远程识别"，为金融、社保等需要大规模身份识别的领域创造条件。这些大范围的身份认证存在许多问题，包括流动性大、审核困难、被别人代领或冒认等。语音识别技术的出现有效解决了这些问题，用户可以在异地通过语音识别系统完成工作，实现远程身份识别。

语音识别技术包括说话人辨认和说话人确认两种类型。本质上都是去掉说话人原始语音中的冗余信息，提取具有表征说话人特征的信息，与训练好的模型进行匹配。说话人确认是给出一个待测语音与一个已经训练好的说话人模型，判断待测的语音是否由该人产生，是一个"是与否"的问题，说话人辨认是给多个训练好的模型和一个待测语音，判断待测语音属于哪个说话人，是"多对一"的问题。

（1）语音端点检测。语音端点检测也被称为语音活跃检测（VAD），主要被应用于语音处理中的语音编码、解码，声纹鉴定中的语音识别、语音增强等领域。可以说，语音端点检测技术是随着语音识别技术产生而存在的。在说话人的对话录音文件中，可能会有很长的持续时间，听起来连续的语音信号，实则是由不断接替进行的无声段和语音段连接起来。实际上，有意义的语音存在的时间相对较短并且分散。通常情况下，语音段的累积时长不会超过整个录音文件总时长的40%。因此，通过端点检测标注出语音位置，可以大幅减少后期工作所要消耗的时间和资源。

在实际的司法语音检验鉴定工作过程中，受限于环境与设备，采集到的检材与样本音频会含有噪声干扰，需要对其进行降噪与增强等处理才能进行工作，而且无声段的主要内容只有噪声，不存在能够用于语音识别所需的有效信息。如果能够将无意义的噪声片段检测并剪切出来，使录音文件中只存放能够表征说话人身份及录音内容的有价值的语音信号，则可以减少语音文件的存储空间，而不会降低有声段的语音质量，也不会破坏语音信息。尤其是孤立单词的识别中，标定出单词的起始点和结束点能够大幅减少识别的运算量。尤其是连续语音信号中对基元（字、词、音节、声韵母）的提取，可以应用于司法语音库的建立。

现阶段，端点检测的方法分为两大类：基于模型检测的方法和基于特征参数的方法。

基于模型检测的方法是通过构造一个能够刻画语音信号内部联系的模型，然后结合统计数据分析技术进行端点检测。常见的有基于隐马尔科夫模型、基于矢量量化、基于神经网络等端点检测方法。该类型的检测方法过程较为复杂、运算量大，而且该方法需要通过噪声进行训练，在背景复杂多变的实际环境下，训练用的噪声模型与实际采集的语音信号可能存在差异。因此，基于特征参数的端点检测方法相较之下，更具有优越性和实用性，更加适用于应对实际噪声影响下的语音信号的端点检测，是一种利用表征语音信号与噪声信号之间差异的特征参数，划分语音段和噪声段的方法。

基于特征参数的端点检测方法是根据语音信号的时域特征和频域特征对语音信号进行端点检测。时域特征参数主要有短时能量、短时平均过零率、短时自相关函数、短时平均幅度值和短时平均幅度差函数等，频域特征参数主要有短时信息熵、短时频谱、短时功率谱、短时自带能量谱等。这些特征参数可以作为端点检测划分有声段与噪声段的标准单独使用，但仅仅使用某一特征参数的检测结果不能够适应多变的噪声环境。所以，为了提高检测结果的准确性，基于特征参数的检测方法也由原来的单门限逐渐改进为结合时域和频域特征参数的多门限判定方法。

语音信号端点检测的一般步骤为：①将采集到的语音信号采用交叠分帧的方法，分割成信号帧；②选取每一帧信号，计算一种或几种特征参数；③获得语音信号的特征参数序列，根据一定的判决准则进行判定，分割出语音段和噪声段；④对第三步的判断结果处理后标定语音段的起始点和终止点，即得到语音端点检测的结果。

（2）语音信号处理。语音信号处理是说话人语音分割与聚类技术的第一步，也是数字信号处理的重要分支，包括预加重、分帧、加窗、特征提取等。良好的预处理会提高分割聚类的准确率，是得到性能理想的语音分割与聚类结果的保证。

语音是由一连串的音组成，其间的排列由一些规则进行控制，这些规则和它们的含义是语言学的研究范畴，而语音中音的分类属于语音学范畴。语音的产生过程：肺中的空气受到挤压从而形成气流，气流进入喉部，经过声带（等效为激励源）的激励，进入声道（等效为一个时变滤波器），最后经过嘴唇辐射，形成语音。根据发声机理不同，语音可分为清音与浊音。在语音信号处理中，很多特征的提取都需要区分清音和浊音。

第一，语音信号的数字化预处理。语音信号是一维模拟信号，具有连续变化的幅值和时间。若是要用计算机处理语音信号，必须首先对其进行采样和量化，使连续的语音变成离散的语音信号，然后才能进一步分析处理。原始的声音信号中包含许多冗余信息，而预处理操作可以从声音信号中得到对系统识别有用的信息。

第二，语音信号的短时时域处理。语音信号是一种非平稳的时变信号，携带着各种信息。在语音编码、语音合成、语音识别和语音增强等语音处理中需要提取语音中包含的各种信息。语音处理的目的是对语音信号进行分析，提取特征参数，用于后续处理；加工语音信号。语音信号分析可以分成时域分析和变换域（频域、倒谱域）分析。其中，时域分析方法是最简单、最直观的方法，直接对语音信号的时域波形进行分析，提取的特征参数主要有语音的短时能量、短时平均过零率和短时自相关函数等。

第三，语音信号的短时频域处理。语音的频谱具有非常明显的语言声学意义，能够反映重要的语音特征。实验结果表明，人类感知语音的过程和语音的频谱特性关系密切，人的听觉对语音的频谱更敏感。因此，对语音信号进行频谱分析是认识和处理语音信号的重要方法。语音频谱是语音信号在频域中信号的能量与频率的分布关系。

2. 语音合成技术

语音合成技术指用人工的方法生成语音的技术。当计算机合成语音时，如何能做到听话人能理解其意图并感知其情感，一般对"语音"的要求是清晰、可听懂、自然、具有表现力。一般来讲，实现语音输出有以下两种方法：

第一种方法要把模拟语音信号转换成数字序列，编码后暂存于存储设备中（录音），需要时再经解码，重建声音信号（重放）。录音回放可获得高音质声音，并能保留特定人的音色，但所需的存储容量随发音时间线性增长。

第二种方法是基于声音合成技术的一种声音产生技术。它可用于语音合成和音乐合成，是语音合成技术的延伸，能够把计算机内的文本转换成连续自然的语声流。若采用这种方法输出语音，应预先建立语音参数数据库、发音规则库等。需要输出语音时，系统按需求先合成语音单元，再按语音学规则或语言学规则连接成自然的语流。文－语转换的参数库不随发音的时间增长而容量加大，但规则库随语音质量的要求而增大。

在虚拟现实系统中，采用语音合成技术可提高沉浸效果，当试验者戴上一个低分辨率的头盔显示器后，主要是从显示中获取图像信息，而几乎不能从显示中获取文字信息。这时，通过语音合成技术用声音读出必要的命令及文字信息，可以弥补视觉信息的不足。如果将语音合成与语音识别技术结合起来，可以使试验者与计算机所创建的虚拟环境进行简单的语音交流。当使用者的双手正忙于执行其他任务时，语音交流功能显得极为重要。因此，这种技术在虚拟现实环境中具有突出的应用价值。

四、虚拟现实技术的发展

（一）虚拟现实技术的发展历程

第一，1960年以前虚拟现实的发展。1960年以前，人们通过绘画（史前）、透视（文艺复兴）、全景展示（18世纪）、立体视觉和电影（19世纪）及英国飞行员的训练飞行模拟器展现现实。

第二，1960—1980年。计算机科学的出现，使所有基础元件得以发展，从而导致虚拟现实的出现。即使在今天，合成图像中用于表示虚拟环境的组件仍然是3D对象的建模和操作、算法使用，以及光和照明模型的处理。用于交互系统的组件包括Sketchpad——第一个头戴式显示器（HMD），GROPE系统——第一个利用力反馈的项目，构成触觉反馈的基础。在应用方面，飞行模拟器相关的开发进展迅速，例如由美国空军执行的VITAL和VASS项目。

第三，1980—1990年。虚拟现实的特点是专门针对3D交互技术发展。1985年，美国宇航局艾姆斯研究中心重新发现虚拟现实显示系统，并将其命名为——HMD（头戴式显示器）。1986年，VPL Research公司成立，该公司利用数据手套和设计的视听设备，销售出首批虚拟现实应用程序。

第四，1990—2000年。材料和软件解决方案的集成，使实现可信和可操作的实验性应用成为可能。电子游戏行业是最先预见到虚拟现实的好处，并使用专门为此开发的设备，提供创新解决方案的行业之一，Virtuality、Sega VR、Virtual Boy和VFXA Headgear等一系列产品在20年后仍然影响当今的解决方案。与交通相关的行业（汽车、航空、航天、海事），首先使用虚拟现实设计车辆，然后学习如何驾驶。在这一时期，医疗行业也进行了虚拟现实实验。例如，在华盛顿大学烧伤中心，使用虚拟现实减少遭受严重烧伤病人的疼痛。在能源领域，特别是石油工业，早已认识到使用这些新技术的投资价值和可能的投资回报。

第五，2000—2010年。在专注于产品设计和学习如何驾驶车辆之后，虚拟现实的应用逐渐向维护和培训发展。越来越多的应用程序使用虚拟现实，以便更好地理解真实环境。在金融界，可视化地研究共享收益和增长曲线组成的空间，能够更好地决定采取的行动（买入、卖出）；在产品设计中以及项目评审期间，可以更好地理解、更好地决策，减少甚至消除对物理模型的需求；在设备方面，学术界和（大型）公司在安装沉浸式空间（CAVE，尤其是 SGI 现实中心）方面取得重大进展，用户可以很容易地找到捕获、定位和定向设备。

2000—2010 年，虚拟现实应用程序的发展出现了显著变化，除了该领域先驱者采用以技术为中心的设计方法之外，还出现了一种以人为中心的设计方法。随着虚拟现实技术的日益普及，社会科学领域的研究人员主要是认知科学领域的研究人员，开始研究虚拟现实的应用。应用程序开发人员注意到某些用途被拒绝及某些用户体验到的不适，开始寻找不只是纯技术的解决方案。

第六，2010 年以后。新设备的大量出现，其费用比传统设备低得多，同时提供了高水平性能。这种反弹主要是由于智能手机和视频游戏的发展。尽管头戴式显示器在媒体上的曝光率最高，但新的动作捕捉系统也出现了。这种爆炸式的增长导致媒体发表了许多相关文章，将技术信息广泛地传播给公众。与这种新设备相对应的是，新的软件环境也建立起来。很明显，这只是虚拟现实增强现实向公众开放的开始。毫无疑问，未来这些技术的大规模使用，将会出现爆炸式增长。

（二）虚拟现实技术的发展目标

虚拟现实技术的发展是为了实现以下目标：

第一，设计。工程师使用虚拟现实技术的目的，是帮助建筑或车辆构建，或者是在物体内部或周围虚拟地移动检测任何可能存在的设计缺陷。这些测试曾经使用复杂程度不断增加的模型，现在逐渐被虚拟现实体验所取代，后者价格更低，生产速度更快。这些虚拟设计操作已经扩展到有形物体以外的环境中，如运动（外科、工业、体育）或复杂的科学实验计划。

第二，学习。当前，学习驾驶任何一种交通工具都是可能的，如飞机、汽车、船舶等，虚拟现实对此提供了许多优势：①保证学习时的安全性；②可以复制，可以轻易切入教学场景（模拟车辆故障或天气变化）。这些学习场景可以延伸到操作交通工具以外更复杂的过程中，如管理一个工厂或一个核中心的控制室，甚至通过使用基于虚拟现实的行为，克服恐惧症（动物、空白空间、人群等）。

第三，理解。虚拟现实可以通过理解提供的交互反馈（尤其是视觉反馈），从而更好地理解某些复杂现象。这种复杂性可能是由于难以触及有关主体和信息，如在地下或水下进行石油勘探，或者是要研究的行星表面；可能是大脑无法理解的庞大数据，也可能是人类难以察觉的温度、放射性等。在这些情况下，人们寻求更深层次的理解，以便做出更好的决策。

五、虚拟现实技术的变革

（一）技术方面的变革

无论是在物质层面还是软件层面，近年来都涌现出大量的突破性新产品。在软件领域，人们必须注意到免费提供专业的综合软件解决方案，使任何具有专业知识的人都能够开发解决方案。

技术及其应用广泛发展的决定性因素是终端发展。2007 年，苹果售出第一部 iPhone，对移动手机市场及移动应用领域产生了较大影响。这一发展使得用户迅速能够使用配备高质量屏幕、摄像机和多个传感器（如加速度计、触摸屏）的终端，让普通用户距离能够使用移动虚拟现实或增强现实应用程序只有一步之遥。此外，平板电脑的出现，消除了手机屏幕尺寸这一重要限制因素，推动虚拟现实，增强现实发展。

视频游戏在头戴式显示器（虚拟现实和增强现实耳机）领域取得重大进展，是技术大规模普及的主要原因，与较早的设备相比，购置费用低，质量令人满意。

大规模引入专用架构对虚拟现实产生了重大影响，例如 GPU（图形处理单元）作为高性能计算的协同处理器。当前，每台计算机普遍配备显卡，从而大幅提高了计算速度和处理能力（CPU）。这种性能的提升对增强现实或虚拟现实应用程序至关重要，因为计算机须在非常短的周期内（高计算频率、低延迟）生成越来越高质量的图像，并实现与用户的交互。

（二）使用与用户的变革

虚拟现实领域的另一个巨大变化是最初用于少数专业领域（通常是专门领域，如设计工作室和行业专家）的应用扩展到整个社会，甚至进入人们的家庭中（如游戏、服务、家庭自动化系统）。过去，增强现实用户已经从一个在办公室工作的专家变成每一个人，也适用于虚拟现实设备，但在此之前，只有少数分销商向内部人士销售这种设备。如今任何销售电子系统的主流厂商都在货架上和产品目录中提供在大型零售商店可以看到的全套设备（头戴式显示器及传感器），"传统"商店为客户提供尝试应用或设备的机会已经不再罕见。因此，虚拟现实在使用上的演变，无疑将在今后继续延续。

第三节 计算机网络及新技术分析

一、计算机网络与互联网

（一）计算机网络

1.计算机网络的概念

计算机网络是一些相互连接的、以共享资源为目的的、自治的计算机的集合。计算机网络的目的是通过信息传递，实现资源共享。计算机网络连接的设备，包括但不限于计算机，还可以是智能手机、智能电器等。这里强调智能，是因为随着硬件价格的下降，能够接入网络的终端跟计算机没有太大区别，它们都具有 CPU 和操作系统，因此"终端"和"自治的计算机"逐渐失去了严格的界限。

2.计算机网络的功能

计算机网络（简称网络）是计算机技术和通信技术紧密结合的产物。它使得不同地理位置的计算机连接起来，实现数据信息的快速传递，这样加强了计算机本身的处理能力。计算机网络的功能如下。

（1）数据交换和通信。通信功能是计算机网络最基本的功能，也是网络其他各种功能的基础，所以通信功能是计算机网络最重要的功能。数据交换是指计算机网络中的计算机之间或计算机与终端之间，可以快速地相互传递各类信息，包括数据信息、图形、图像、声音和视频流等多媒体信息。如人们可以通过 E-mail 给远在千里之外的朋友发送电子邮件；通过微信、QQ 等工具实现聊天、传送文件资料等功能；电子数据交换将贸易、运输、保险、银行、海关等行业信息通过计算机网络，用一种国际公认的标准格式，实现各企业之间的数据交换，并完成以贸易为中心的业务全过程。

（2）资源共享。资源是指构成系统的所有要素，包括硬件资源、软件资源和数据资源等。之所以提出共享这一概念，是因为计算机的许多资源十分昂贵，如高速打印机、大容量磁盘、数据库、通信线路、文件及其他计算机上的有关信息。为了减少用户投资，提高计算机资源的利用率，用户通过接入计算机网络共享这些资源是计算机网络的目标之一。

第一，硬件资源。各种类型的计算机、大容量存储设备、计算机外围设备，如网络打印机、绘图仪等。

第二，软件资源。各种应用软件、工具软件、系统开发所用的支撑软件、语言处理程序、数据库管理系统等。

第三，数据资源。数据库文件、数据库、办公文档资料等。

第四，信道资源。通信信道可以理解为电信号的传输介质。通信信道的共享是计算机网络中最重要的共享资源之一。

（3）提高系统的可靠性。在一个系统中，当某台计算机、某个部件或某个程序出现故障时，必须通过替换资源的办法来维持系统的继续运行，以避免系统瘫痪。而在计算机网络中，各计算机可以通过网络互为备份，当某一处计算机发生故障时，可由别处的计算机代为处理，还可以在网络的一些节点上设置一定的备用设备，作为全网络的公用后备，这样就可以极大地提高计算机网络的可靠性和可用性。

（二）互联网

1. 互联网的概念

目前，大家熟悉的网络有电信网络、有线电视网络和计算机网络。电信网络向用户提供电话、电报和传真等服务，有线电视网络向用户提供电视节目，计算机网络的主要用途是传送信息和资源共享。随着技术的发展，计算机网络的功能越来越强大，现在也能够向用户提供网际协议（IP）电话、视频通信以及视频点播等服务。

网络是由一组具有通信能力的设备相互连接而形成的。设备可以是主机或称为端系统，如大型服务器、PC、工作站、手机、安全系统等，也可以是集线器、交换机或路由器等网络连接设备，如家庭中通过无线路由器将智能家电、手机、笔记本式计算机和摄像头等连接起来，就构成了一个无线局域网。无线网的传输介质是空气。

因特网又称互联网，是一个专用名词，指世界上最大的覆盖全球的计算机网络，即广域网、局域网及单机按照一定的通信协议（TCP/IP 协议）组成的国际计算机网络。因特网并不等同于万维网（WWW），万维网只是一个基于超文本相互链接而成的全球性系统，通过互联网访问。在这个系统中，WWW 可以让 Web 客户端访问 Web 服务器上的页面。之所以在浏览器里输入网址时就能看见某网站提供的网页，就是因为浏览器和网站的服务器之间使用的是超文本传输协议（HTTP），因此也有人这样定义；只要应用层采用 HTTP，就称为万维网。

2. 互联网的组成

互联网的组成从工作方式上看，可以分为核心部分和边缘部分。

（1）核心部分。由大量网络和连接这些网络的路由器组成。它为边缘部分提供连通性和交换服务，是互联网中最复杂的部分。在核心部分中很重要的网络设备是路由器，它是一种专用计算机，负责转发收到的分组，是实现分组交换的关键构件。

（2）边缘部分。由所有连接在互联网上的主机组成，这些主机称为端系统，"端"即是"末端"的意思，也就是说是互联网的末端。端系统既可以是十分昂贵的大型计算机，也可以是 PC、智能手机或网络摄像头等。

边缘部分利用核心部分所提供的服务，完成通信和资源共享。它由用户直接使用，使众多主机之间能够互相通信并交换或共享信息，称为计算机之间的通信。

边缘部分端系统之间的通信方式分为以下类型：

第一，客户 / 服务器方式。客户 / 服务器（C/S）方式在互联网上最常用，也是传统的方式。它采用"请求 / 响应"的应答模式。当用户需要访问服务器时就由客户机发出"请求"，服务器收到来自客户机的"请求"后做出"响应"，然后执行相应的服务，并把结果返回给客户机，由它进一步处理后再提交给用户。除了 C/S 方式，目前，还有一种叫浏览器 /服务器（B/S）方式，这种访问方式多了 Web 服务器，用户使用 Web 浏览器访问 Web 服务器上的 Web 页面，通过 Web 页面上显示的表格和数据库进行交互操作。从数据库获取的信息能以文本、图像、表格或多媒体对象的形式在 Web 页面上显示。

第二，对等方式。P2P 方式是指两台主机在通信时并不区分哪一个是服务请求方，哪一个是服务提供方。只要两台主机都运行了对等连接软件，它们二者就可以进行平等的对等连接通信。P2P 的好处主要包括：①人们可以直接连接到其他用户的计算机，进行文件下载，而不需要像过去那样连接到服务器去浏览和下载；②改变互联网现在的以大网站为中心的状态，它是一种"非中心化"结构，并把权利交还给用户。但从本质上看，P2P 仍然是使用客户 / 服务器方式。只是对等连接中的每一台主机既是客户机又同时是服务器。

二、计算机网络的拓扑结构

（一）计算机网络拓扑结构设计

计算机网络设计的第一步就是要解决在给定计算机的位置及保证一定的网络响应时间、吞吐量和可靠性的条件下，通过选择适当的线路、线路容量、连接方式，使整个网络结构合理，并且成本低廉。为了应付复杂的网络结构设计问题，人们引入了网络拓扑的概念。

拓扑结构设计是建设计算机网络的第一步，也是实现各种网络协议的基础。计算机网络拓扑结构主要是指通信子网的拓扑构型。

网络的拓扑结构是抛开网络物理连接来讨论网络系统的连接形式，网络中各站点相互连接的方法和形式称为网络拓扑。拓扑结构图给出网络服务器、工作站的网络配置和相互间的连接方式，它的结构主要有总线型结构、星型结构、树型结构、网状结构、环型结构等。

（二）网络拓扑结构的基本类型

1. 星型结构

星型结构的每个节点都由一条点对点链路与中心节点相连，采用集中控制，即任何两点之间的通信都要通过中心节点。星型网络中的一个节点如果向另一个节点发送数据，先将数据发送到中央设备，然后由中央设备将数据转发到目标节点。信息的传输是通过中心节点的存储转发技术实现的，并且只能通过中心节点与其他节点通信。

星型拓扑结构的特点主要包括：①结构简单，便于管理和维护，易实现结构化布线，结构易扩充，易升级；②通信线路专用，电缆成本高；③星型结构的网络由中心结点控制与管理，中心节点的可靠性基本上决定了整个网络的可靠性；④中心节点负担重，易成为信息传输的瓶颈，且中心节点一旦出现故障，会导致全网瘫痪。

2. 树型结构

树型拓扑结构主要用于信息的分层传递。相邻主机之间不进行或很少进行数据交换。现代的大型局域网都采用树型拓扑结构。

树型拓扑结构的特点主要包括：①易于扩展，故障易隔离，可靠性高；②电缆成本高；③对根节点的依赖性大，一旦根结点出现故障，将导致全网不能工作。

3. 总线型结构

总线型结构采用一条单根的通信线路作为公共的传输通道，所有的节点都通过相应的接口直接连接到总线上，并通过总线进行数据传输。

总线型网络使用广播式传输技术，总线上的所有节点都可以发送数据到总线上，数据沿总线传播。但是，由于所有节点共享同一条公共通道，所以在任何时候只允许一个站点发送数据。当一个节点发送数据，并在总线上传播时，数据可以被总线上的其他所有节点接收。各站点在接收数据后，分析目的物理地址再决定是否接收该数据。

总线型拓扑结构的特点主要包括：①结构简单、灵活，易于扩展；②共享能力强，便于广播式传输；③网络响应速度快，但负荷重时性能迅速下降；④局部站点故障不影响整体，可靠性较高，但是总线出现故障，将影响到整个网络；⑤易于安装，费用低。

三、计算机网络领域新技术

（一）大 数 据

"在大数据时代，计算机网络安全技术风靡全球，它在为社会生产生活提供大量技术数据支持的基础上，也确保形成了完整的计算机网络安全技术战略体系，其中包含了诸多优化策略内容。"[①]

1. 大数据的主要特点

（1）数据体量巨大。数量量级从 TB 级别跃升到 PB（1 PB=1024 TB）级别。

（2）数据类型多样。现在的数据类型不仅是文本形式，更多的是图片、视频、音频、地理位置信息等多类型的数据，个性化数据占绝对多数。如很多公司创造的大量非结构化和半结构化数据，这些数据下载到关系型数据库用于分析时会花费过多的时间和金钱。

（3）处理速度快。处理速度指获取数据的速度，数据处理遵循"1 秒定律"，可从各种类型的数据中快速获得高价值的信息。

（4）价值密度低。以视频为例，1 小时的视频，在不间断的监控过程中，可能有用的数据只有一两秒。

2. 大数据的重要价值

（1）对大数据的处理分析正成为新一代信息技术融合应用的节点。随着移动互联网、物联网、社交网络、电子商务等新一代信息技术的发展应用，不断产生大量数据。云计算为这些海量、多样化的大数据提供存储和运算平台。通过对不同来源数据的管理、处理、分析与优化，将结果反馈到上述应用中，将创造出巨大的经济和社会价值。

（2）大数据是信息产业持续高速增长的新引擎。面向大数据市场的新技术、新产品、新服务、新业态会不断涌现。如硬件方面，大数据将对芯片、存储产业产生重要影响，还将有利于内存计算、数据存储处理服务器等市场；软件方面，将促进数据快速处理分析、数据挖掘计算和软件产品的发展。

（3）大数据利用将成为提高核心竞争力的关键因素。各行各业的决策正在从"业务驱动"变为"数据驱动"。数据驱动分为数据获取、数据挖掘分析、商业预测及商业决策。其中数据获取是基础，商业决策的价值量最高。

3. 大数据的分析方法

大数据最核心的价值就在于对海量数据进行存储和分析，只有通过分析才能获取很多智能的、深入的、有价值的信息。所以大数据的分析方法在大数据领域就显得尤为重要，大数据分析是在研究大量数据的过程中寻找模式、相关性和其他有用的信息，可以帮助企业更好地适应变化，并做出更明智的决策。大数据主要有以下分析方法：

（1）可视化分析。从用户使用角度看，大数据分析的使用者有大数据分析专家，同时还有普通用户，二者对于大数据分析最基本的要求就是可视化分析。可视化分析能够直

[①] 陈文涛.大数据时代计算机网络安全技术的优化策略 [J].网络安全技术与应用，2023（11）：157.

观地呈现大数据的特点，简单明了，便于被读者接受。

（2）数据挖掘算法。大数据分析的理论核心就是数据挖掘算法，各种数据挖掘的算法基于不同的数据类型和格式才能更加科学地呈现出数据本身具备的特点，也正是这些被全世界统计学家所公认的各种统计方法才能深入数据内部，挖掘出公认的价值。

（3）预测性分析。大数据分析最重要的目标之一就是预测性分析。从大数据中挖掘出有价值的信息，通过科学地建立模型，便可以通过模型带入新的数据，从而预测未来的数据。

（4）语义引擎。数据挖掘中很多数据是非结构化数据或半结构化数据，这给数据分析带来新的挑战，它需要一套工具系统地去分析、提炼数据。语义引擎需要有足够的人工智能，以从数据中主动提取信息。

（5）数据质量和数据管理。大数据分析离不开数据质量和数据管理，高质量的数据和有效的数据管理，无论是在学术研究还是在商业应用领域，都能够保证分析结果的真实、有价值。

（二）物联网

按照国际电信联盟的定义，物联网主要解决物品与物品、人与物品、人与人之间的互联。它的本质还是互联网，只不过终端不再是计算机，而是嵌入式计算机系统及其配套的传感器。这有两层含义：①物联网的核心和基础仍然是互联网，是在互联网基础上的延伸和扩展的网络；②用户终端延伸和扩展到了任何物品与物品之间进行信息交换和通信，也就是物物相息。

物联网以互联网为基础，通过各种传感技术，例如射频识别（RFID）技术、传感器技术和 GPS 技术等，添加各种通信技术，将任何物体接入互联网，实现远程监视、控制、自动报警等功能，进而实现管理、控制和营运一体化的一种网络。

目前，国际上公认的物联网定义是：通过 RFID、红外感应器、全球定位系统和激光扫描器等信息传感设备，按约定的协议，把任何物品与互联网相连接，进行信息交换和通信，以实现对物品的智能化识别、定位、跟踪、监控和管理的一种网络。

1. 物联网的主要特征

（1）全面感知。通过 RFID、传感器和二维码等随时随地获取物体的信息。物联网上部署了海量的多种类型传感器，每个传感器都是一个信息源，不同类别的传感器所捕获的信息内容和信息格式不同，而且实时采集数据，并且按一定的频率周期性地采集环境信息，不断更新数据。

（2）可靠传递。通过各种电信网络与互联网的融合，将物体的信息实时准确地传递出去。物联网是以互联网为基础，通过各种有线和无线网络与互联网融合，将传感器定时采集的信息实时准确地传递出去。

（3）智能处理。物联网不仅提供了传感器的连接，其本身也具有智能处理的能力，能够对物体实时智能控制。物联网将传感器和智能处理结合起来，利用云计算、模糊识别等各种智能计算技术，对海量的数据和信息进行分析、加工和处理，得出有意义的数据，以适应不同用户的需求，发现新的应用领域和应用模式。

2. 物联网的关键技术

（1）网络通信技术。网络通信技术包含很多重要技术，其中机器对机器（M2M）技术最为关键。它用来表示机器对机器之间的连接与通信。从功能和潜在用途角度看，M2M引起了整个"物联网"的产生。

（2）传感器技术。计算机处理的是数字信号，这就需要传感器把模拟信号转换成数字信号，这是计算机应用中的关键技术。

（3）RFID标签。RFID标签也是一种传感技术，它融合了无线射频技术和嵌入式技术，并在自动识别、物品物流管理中有着广泛应用。

（4）嵌入式系统技术。嵌入式系统是集计算机软硬件、传感器技术、集成电路技术和电子应用技术于一体的复杂技术。目前，身边的智能终端设备随处可见，这些设备都以嵌入式系统为特征。

（5）云计算。云计算是一种按使用量付费的模式，这种模式提供可用的、便捷的、按需的网络访问，进入可配置的计算资源共享池（资源包括网络、服务器、存储、应用软件、服务），这些资源能够被快速提供，只须投入很少的管理工作，或与服务供应商进行很少的交互。

3. 物联网的应用模式

根据物联网的实质用途，物联网的基本应用模式如下：

（1）对象的智能标签。目前，广泛使用的二维码、RFID等技术标识特定的对象，用于区分对象个体。如扫二维码收付款、生活中使用的各种智能卡和门禁卡等都是用来获得对象的识别信息。

（2）对象的智能控制。物联网基于云计算平台和智能网络，可以依据传感器网络获取的数据进行决策，改变对象的行为，进行控制和反馈，例如，根据车辆的流量自动调整红绿灯间隔，路灯根据光线的强弱自动调整亮度。

（3）环境监控和对象跟踪。利用多种类型的传感器和分布广泛的传感器网络，可以实现对某个对象实时状态的获取和特定对象行为的监控。例如，环境监测站通过二氧化碳传感器监控大气中的二氧化碳浓度、噪声探头监测噪声污染、驾车过程中导航通过 GPS 标签跟踪车辆位置、通过交通路口的摄像头捕捉实时交通情况等。

（三）云 计 算

云计算的基本原理是，通过计算分布在大量的分布式计算机上，而非本地计算机或远程服务器中的数据，企业数据中心的运行将与互联网更相似。这使得企业能够将资源切换到需要的应用上，根据需求访问计算机和存储系统。

1. 云计算的主要特点

（1）超大规模。"云计算管理系统"通常具有较大的规模，亚马逊公有云已经拥有上百万台服务器，阿里云拥有几十万台服务器。企业私有云一般拥有数百上千台服务器，"云"能赋予用户前所未有的计算能力。

（2）虚拟化。云计算支持用户在任意位置、使用各种终端获取应用服务。所请求的资源来自"云"，而不是固定的有形的实体，应用在"云"中某处运行，但实际上用户无须了解，也不用担心应用运行的具体位置。只需要一台笔记本式计算机或一部智能手机，就可以通过网络服务来获取我们需要的一切，甚至包括超级计算这样的任务。

（3）高可靠性。"云"使用了数据多副本容错、计算节点同构可互换等措施来保障服务的高可靠性，使用云计算比使用本地计算机更可靠。

2. 云计算的服务模式

云服务是云计算的核心内容，同时是云计算技术实现和业务应用的结合点。云服务是基于互联网的相关服务的增加、使用和交付模式，同时涉及通过互联网来提供动态易扩展且经常是虚拟化的资源。通常由云计算平台提供者将 IT 能力以面向用户的服务形式来进行包装和集成，通过云管理平台和 Internet 或 Intranet 渠道向云服务用户来提供的一种服务。服务形式包括基础设施即服务（IaaS）、平台即服务（PaaS）和软件即服务（SaaS）。

（1）IaaS——基础设施即服务。用户通过 Internet 可以从完善的计算机基础设施获得服务。如 IBM 计算云和亚马逊的弹性计算云为个人和企业客户提供虚拟服务器和虚拟存储的服务，并通过 Internet 实现计算资源的按需付费的理念。

（2）PaaS——平台即服务。实际上是指将软件研发的平台作为一种服务，以 SaaS 的模式提交给用户。因此，PaaS 也是 SaaS 模式的一种应用。但是，PaaS 的出现可以加快

SaaS 的发展，尤其是加快 SaaS 应用的开发速度。PaaS 所提供的服务与其他服务最根本的区别是 PaaS 提供的是一个基础平台，而不是某种应用。

（3）SaaS——软件即服务。这是一种通过 Internet 提供软件的模式，厂商将应用软件统一部署在自己的服务器上，用户无须购买软件，而是向提供商租用基于 Web 的软件来管理企业的经营活动。

第三章　地理信息系统空间数据库管理

第一节　空间数据库及其组成

一、空间数据库的概念阐释

（一）空间数据库的定义及要求

"空间数据库是地理信息系统（GIS）的核心，随着地理信息系统的快速发展，空间数据库也经历着不断的变化和发展。"[①] 空间数据库的定义为具有内部联系的空间数据的集合，可以管理和维护海量数据，并为不同的 GIS 应用所共享。具体地说，空间数据应满足以下要求：

第一，空间数据库系统是数据库系统，具有商业数据库系统的一切功能和特点。但这个要求强调了空间事实，或几何信息与非空间信息的关联要求。换言之，空间数据库系统必须具有能对空间数据进行处理的能力。

第二，空间数据库系统在它的数据模型中，提供空间数据类型及其空间查询语言。空间数据类型是建立基本抽象空间数据模型的基础，它是描述空间实体、关系、属性和空间操作的依据。究竟应该定义何种空间数据类型，取决于它所支持的空间应用。在空间数据库的实现中提供对空间数据类型的支持，并至少提供空间索引和有效的空间连接算法。这是从海量的、复杂的空间数据库中快速恢复数据的基础。

第三，数据库应当具备两个最核心的特征，但对用户来讲又是不可见的。①持久性，即处理临时和永久数据的能力。临时数据在程序结束后就消失了，而永久数据不仅在程序调用时可以使用，并且在系统和媒介崩溃后仍可以使用。这保证了在系统崩溃后可以顺利恢复数据。在数据库系统中，永久对象的状态不断变化，有时可能访问前面的数据状态。②事务，事务将数据库的一个一致状态映射到另一个一致状态，这样的映射是原子性的（要么完全执行，要么完全放弃）。

一个空间数据库和非空间数据库相比，有一些特殊的需求。例如，一个关于国家的数

---

① 周艳芳. 空间数据库的概念及发展趋势探究 [J]. 产业与科技论坛，2018，17（2）：53.

据集，至少有一个空间数据（国界）和非空间数据（国名）。国名的存储和表示不会产生任何问题，但国界的存储和表示就不那么简单了。假如用一个线段的集合表示国界，这时会要求数据库管理系统支持空间数据类型"点""线"和"面"，以便对"国家"这个空间对象进行空间查询。操作和组合这些新的数据类型需要遵从某些固定的准则，于是产生了空间代数。由于空间数据具有可视性和数据量庞大等特点，所以必须扩展传统的空间数据库系统，以便提供可视化查询处理和特殊的空间索引。数据库的其他重要问题，如并发控制、批量加载、存储和安全机制等，也必须重新加以考虑和调整，以便建立高效的空间数据库管理系统。

空间数据库的实现涉及多方面的问题，主要包括数据源的选择、不同类型的数据表达方法的选择（拓扑的、网状的、方位的、欧氏空间的）、空间查询语言设计、数据空间操作（插入、删除、更新）和查询处理优化（选择与连接操作顺序）、空间数据与非空间数据的集成（一体化存储）、数据文件的组织、空间索引与存储机制的建立等。空间数据库是通过空间数据库管理系统对空间数据进行存储和管理的，并提供数据库使用者的访问接口。

（二）空间数据库的适用人群

各行各业的专业人员都可能遇到空间数据的存储、管理和分析问题。

第一，只关注空间分析的用户。他们是 GIS 的传统用户，相对数量较少，主要为专家层次的领域专家或政府部门的专家。

第二，因特网用户，通过提供的空间数据搜索引擎和高级的、友好的用户界面，享用站点提供的一般的空间信息查询服务。他们或是 GIS 的流动工作人员，或是具有一定专业水平的空间信息用户。

第三，通过 PDA 或移动电话，享用移动定位服务的用户，称为移动定位服务，是空间数据服务与电信基础设施集成的结果。从发展来看，这类用户数量较大，且专业水平较低，或只需要经过简单的专业训练。

（三）空间数据库的概念结构

数据库系统是对数据存储管理的基本工具，是从建立数据模型、设计数据结构到数据存储与管理过程的必然结果。建立数据库系统的目的不仅仅是保存数据、扩展人的记忆，而且也是为了帮助人们去管理和控制与这些数据相关联的事物。GIS 的数据库系统具有明显的空间特征，与传统的非空间数据库系统具有差别。数据库系统主要有集中式系统和分布式系统。

数据库系统是一个复杂的系统。数据库系统的概念结构由三个层次构成，即物理级、概念级和用户级，分别对应于存储模式、模式、子模式。

1. 存储模式

存储模式是对数据库在物理存储器上具体实现的描述。它规定数据在存储介质上的物理组织方式、记录寻址技术，定义物理存储块的大小、溢出处理方法等，与模式相对应。存储模式由数据存储描述语言 DSDL 进行描述。核心由数据结构定义。

2. 模式

模式是数据库的总框架。描述数据库中关于目标存储的逻辑结构和特性，基本操作和目标与目标及目标与操作的关系和依赖性，以及对数据的安全性、完整性等方面的定义。所有数据都按这一模式进行装配。模式由模式描述语言 DDL 来进行描述。核心由数据模型定义。

3. 子模式

子模式是数据库用户的数据视图。它属于模式的一部分，描述用户数据的结构、类型、长度等。所有的应用程序都是根据子模式中对数据的描述而不是根据模式中对数据的描述而编写的。在一个子模式中可以编写多个应用程序，但一个应用程序只能对应一个子模式。根据应用的不同，一个模式可以对应多个子模式，子模式可以互相覆盖。子模式由子模式描述语言（SDDL）进行具体描述。核心由数据子模型定义。

数据库不同模式之间通过映射进行转换。映射是实现数据独立的保证。当数据结构变化时，数据独立性是通过改变相应的映射保持独立性的数据库系统的三级模式结构将数据库系统的全局逻辑结构同用户的局部逻辑结构和物理存储结构区分开来，给数据库系统的组织和使用带来了方便。不同的用户可以有各自的数据视图，所有用户的数据视图集中在一起统一组织，消除冗余数据，得到全局数据视图。用存储描述语言来定义和描述全局数据视图数据，并将数据存储在物理介质上。这中间进行了两次映射：一次是子模式与模式之间的映射，定义了它们之间的对应关系，保证了数据的逻辑独立性；另一次是模式与存储模式之间的映射，定义了数据的逻辑结构和物理存储之间的对应关系，使全局逻辑数据独立于物理数据，保证了数据的物理独立性。

二、空间数据库的基本组成

数据库是为了一定的目的，在计算机系统中以特定的结构组织、存储和应用的相关联的数据集合。数据库作为一个复杂的系统，由以下三个基本部分构成。

第一，数据集。一个结构化的相关数据的集合体，包括数据本身和数据间的联系。数据集独立于应用程序而存在，是数据库的核心和管理对象。

第二，物理存储介质。物理存储介质是指计算机的外存储器和内存储器。前者存储数据；后者存储操作系统和数据库管理系统，并有一定数量的缓冲区，用于数据处理，以减少内外存交换次数，提高数据存取效率。

第三，数据库软件。数据库软件的核心是数据库管理系统（DBMS），主要任务是对数据库进行管理和维护。具有对数据进行定义、描述、操作和维护等功能，接受并完成用户程序和终端命令对数据库的请求，负责数据库的安全。

数据库系统可以看作与现实世界有一定相似性的模型，是认识世界的基础，是集中统一存储和管理某个领域信息的系统。它根据数据间的自然联系而构成，数据较少冗余，且具有较高的数据独立性和数据保护性，能为多种应用服务。

地理空间数据库是某区域关于一定地理要素特征的数据集合。与一般数据库相比，具有这些特点：数据量特别大、具有地理空间数据和属性数据、数据结构复杂、数据应用面相当广、数据应用层次多等等。

第二节　空间数据库系统的类型

随着社会的不断进步，人们开始意识到空间数据的重要性。目前，国家的经济发展及人们工作生活等方面对空间数据的依赖越来越强，例如在城市规划、交通、金融系统，或者在各类设计（比如机械设备、建筑物、航空航天等）方面都发挥出巨大的作用。

一、全关系型空间数据库管理系统

全关系型空间数据库管理系统，是指图形和属性数据都用现有的关系数据库管理系统管理。关系数据库管理系统的软件厂商不做任何扩展，由 GIS 软件商在此基础上进行开发，使之不仅能管理结构化的属性数据，而且能管理非结构化的图形数据。一般来说，用关系数据库管理系统管理图形数据有以下两种模式：

第一，基于关系模型的方式，图形数据都按照关系数据模型组织。这种组织方式由于涉及一系列关系连接运算，相当费时。由此可见，关系模型在处理空间目标方面的效率不高。

第二，将图形数据的变长部分处理成二进制块 BLOB 字段。大部分关系数据库管理系统都提供了二进制块的字段域，以适应管理多媒体数据或可变长文本字符。GIS 利用这种功能，通常把图形的坐标数据，当作一个二进制块，交由关系数据库管理系统进行存储和管理。这种存储方式，虽然省去了前面所述的大量关系连接操作，但是二进制块的读写效率要比定长的属性字段慢得多，特别是涉及对象的嵌套时，速度更慢。

空间数据库引擎（SDE）是建立在现有关系数据库基础上的，介于 GIS 应用程序和空间数据库之间的中间件技术，它为用户提供了访问空间数据库的统一接口，是 GIS 数据统一管理的关键性技术。SDE 引擎本身不具有存储功能，只提供和底层存储数据库之间访问的标准接口。SDE 屏蔽了不同底层数据库的差异，建立了上层抽象数据模型到底层数据库之间的数据映射关系，实现将空间数据库存储在关系数据库中并进行跨数据库产品的访问。根据底层数据库的不同，空间数据库引擎大多以两种方式存在：一种是面向对象—关系数据库，利用数据库本身面向对象的特性，定义面向对象的空间数据抽象数据类型，同时对 SQL 实现空间方面的扩展，使其支持空间 SQL 查询，支持空间数据的存储和管理；另一种面向纯关系型数据库，开发一个专用于空间数据的存储管理模块，以扩展普通关系数据库对空间数据的支持。

二、文件与关系数据库混合管理系统

由于空间数据具有特殊性，通用的关系数据库管理系统难以满足其要求。因而，大部分 GIS 软件采用混合管理的模式，即用文件系统管理几何图形数据，用商用关系数据库管理系统管理属性数据，它们之间的联系通过目标标识或者内部连接码进行连接。

在这种混合管理模式中，几何图形数据与属性数据相对独立地组织、管理与检索，通过 OID 作为连接关键字段。就几何图形而言，因为 GIS 系统采用高级语言编程，可以直接操纵数据文件，所以图形用户界面与图形文件处理是一体的，中间没有裂缝。但对属性数据来说，因系统和历史发展而异。早期系统由于属性数据必须通过关系数据库管理系统，图形处理的用户界面和属性的用户界面是分开的，它们只是通过一个内部码连接。导致这种连接方式的主要原因是早期的数据库管理系统不提供编程的高级语言的接口，只能采用数据库操纵语言。这样通常要同时启动两个系统（GIS 图形系统和关系数据库管理系统），甚至两个系统来回切换，使用起来很不方便。

随着数据库技术的发展，越来越多的数据库管理系统提供高级编程语言 C++ 或 Java 等接口，使得地理信息系统可以在 C++ 等语言的环境下，直接操纵属性数据，并通过 C++ 语言的对话框和列表框显示属性数据，或通过对话框输入 SQL 语句，并将该语句通过 C++

语言与数据库的接口，查询属性数据库，并在 GIS 用户界面下，显示查询结果。这种工作模式，并不需要启动一个完整的数据库管理系统，用户甚至不知道何时调用了关系数据库管理系统，图形数据和属性数据的查询与维护完全在一个界面之下。

在 ODBC（开放性数据库连接协议）推出之前，每个数据库厂商提供一套自己的与高级语言的接口程序，这样，GIS 软件商就要针对每个数据库开发一套与 GIS 的接口程序，所以往往在数据库的使用上受到限制。在推出 ODBC 之后，GIS 软件商只要开发 GIS 与 ODBC 的接口软件，就可以将属性数据与任何一个支持 ODBC 协议的关系数据库管理系统连接。无论是通过 C++ 还是 ODBC 与关系数据库连接，GIS 用户都是在一个界面下处理图形和属性数据，它比前面分开的界面要方便得多。这种模式称为混合处理模式。

采用文件与关系数据库管理系统的混合管理模式，还不能说建立了真正意义上的空间数据库管理系统，因为文件管理系统的功能较弱，特别是在数据的安全性、一致性、完整性、并发控制，以及数据损坏后的恢复方面缺少基本的功能。多用户操作的并发控制比起商用数据库管理系统要逊色得多，因而 GIS 软件商一直在寻找采用商用数据库管理系统来同时管理图形和属性数据的方法。

三、面向对象空间数据库管理系统

面向对象模型最适用于空间数据的表达和管理，它不仅支持变长记录，而且支持对象的嵌套、继承与聚集。面向对象的空间数据库管理系统允许用户定义对象和对象的数据结构及它的操作。这样，我们可以将空间对象根据 GIS 的需要，定义出合适的数据结构和一组操作。这种空间数据结构可以是不带拓扑关系的面条数据结构，也可以是拓扑数据结构。当采用拓扑数据结构时，往往涉及对象的嵌套、对象的连接和对象的聚集。

表面上看，面向对象数据库对于数据的存储类似于面向对象编程语言对于对象的序列化，但是不同的是，面向对象数据库支持对于存储对象的增加、查询、更新和删除操作。使用面向对象数据库可以根据具体业务应用自定义类与对象，还可以与现有主流的面向对象的编程语言进行"无缝对接"，消除了在关系数据库中使用高级编程语言进行数据操作时的"关系—对象"映射，提高了数据读取效率。理论上，面向对象数据库不但支持对空间矢量数据的存储，还可以通过自定义类以支持对栅格数据的存储。

当前已经推出了一些面向对象数据库的管理系统，一些学者也基于现有面向对象数据库和 GIS 数据模型和规范进行了空间数据存储的探索。但由于面向对象数据库的管理系统还不够成熟，和关系数据库相比功能还比较弱，目前在 GIS 领域甚至主流的 IT 领域都还不太通用。相反，基于"对象—关系"的空间数据库管理系统在地理信息领域得到了广泛应用，已经成为 GIS 空间数据管理的主流模式。

四、对象—关系空间数据库管理系统

因为直接采用通用的关系数据库管理系统的效率不高，而非结构化的空间数据又十分重要，所以许多数据库管理系统的软件商纷纷在关系数据库管理系统中进行扩展，使之能直接存储和管理非结构化的空间数据，如 Ingres、Informix 和 Oracle 等都推出了空间数据管理的专用模块，定义了操纵点、线、面、圆、长方形等空间对象的 API 函数。这些函数将各种空间对象的数据结构进行了预先的定义，用户使用时必须满足它的数据结构要求，不能根据 GIS 要求再定义。例如，这种函数涉及的空间对象一般不带拓扑关系，多边形的数据是直接跟随边界的空间坐标，那么 GIS 用户就不能将设计的拓扑数据结构采用这种对象—关系模型进行存储。这种扩展的空间对象管理模块主要解决了空间数据的变长记录的管理，因为这种模块由数据库软件商进行扩展，所以效率要比二进制块的管理高得多。

下面以 Oracle Spatial 为例研究对象—关系数据库产品的一些特性。

Oracle Spatial 是基于 Oracle 数据库的扩展机制开发，是用来存储、检索、更新和查询数据库中的空间要素集合及栅格数据等综合空间数据库的管理系统。Oracle 支持自定义的数据类型，可以通过基本数据类型和函数创建自定义的对象类型。基于这种扩展机制，Oracle Spatial 通过提供一套完整的空间对象和操作函数为空间数据的存储和查询提供了一个完整的解决方案，其主要组成部分包括：①一种用于描述空间几何数据类型存储的语法和语义方案；②一种创建空间索引的机制；③一系列用于空间查询和分析的算子和函数，用于实现诸如空间链接查询、面积查询，以及其他空间分析操作；④一组用于空间数据导入导出，以及管理的实用工具。概括来说，Oracle Spatial 主要通过元数据表、空间数据字段和空间索引来管理空间数据，并在此基础上提供一系列空间查询和分析的函数。

Oracle Spatial 对空间矢量数据采用分层存储的方案，即将一个地理空间分解为多个不同的图层，每个图层再被分解为若干几何实体，这些几何实体又被分解成点、线、面等基本元素。在 Oracle Spatial 中，使用 SDO_GEOMETRY 对象类型通过关系表的形式来存储每一层，该层中的每个空间实体都与表中的每一行记录对应。SDO_GEOMETRY 对象是 Oracle Spatial 的核心对象类型，所有的空间对象几何实体的描述都储在关系表中的 SDO_GEOMETRY 字段中，然后通过元数据表来管理具有 SDO_GEOMETRY 字段的空间数据表。此外，Oracle 在 SDO_GEOMETRY 对象上采用 R 树索引或者四叉树索引技术来提高空间查

询的速度。

五、新型空间数据库系统

随着 GIS 应用领域的不断扩展，研究和应用的不断深入，空间数据库研究得到 GIS 研究人员和计算机领域研究人员的广泛重视。一些新兴空间数据库系统不断涌现，如基于 NoSQL 的空间数据库系统、基于 GPU 的高性能空间数据库系统等。

NoSQL 是以互联网大数据应用为背景发展起来的分布式数据管理系统。起初，NoSQL 被解释为 Non-Relational，泛指非关系数据库系统。后来，随着一些 NoSQL 数据库产品开始支持类 SQL 的查询，而被解释为 Not Only SQL，即数据库管理技术不仅仅是 SQL。传统关系数据库基于关系模型组织管理数据，而 NoSQL 从一开始就针对大型集群而设计，支持数据自动分片，很容易实现水平扩展，具有良好的伸缩性。在分布式系统 CAP 理论的指导下，传统关系数据库对一致性的高要求（ACID 原则）导致可用性降低，而 NoSQL 数据库通过牺牲部分一致性达到高可用性（BASE 理论）。NoSQL 不使用关系数据模型，现有 NoSQL 数据库支持的数据模型多种多样，而且一般不需要事先为需要存储的数据建立模式（Schema），可以随时存储自定义的数据格式，能够很好地处理半结构和非结构化的大数据，相比关系数据库更加灵活。

一般而言，根据其数据存储模型的不同，NoSQL 数据库系统大致分为列簇存储、键值模型、文档模型和图模型等。

第一，列簇存储。使用列簇存储的数据库以列为单位存放数据，这些列的集合被称为列簇。每一列中的每个数据项都包含一个时间戳属性，这样列中的同一个数据项的多个版本都可以进行保存。相对于关系数据库以行为单位进行数据储存，使用列存储，对于大数据量的读取更加高效。

第二，键值模型。键值模型是最简单的 NoSQL 存储模型，该数据库会使用哈希表，数据以键值对的形式存放，一个或多个键值对应一个数据值。键值数据库操作简单，一般只提供最简单的 Get、Set、Delete 等操作，处理速度最快。

第三，文档模型。文档数据库将数据封装存储在 JSON 或 XML 等类型的文档中。文档内部仍然使用键值组织数据，在一定程度上可以看作是键值模型的扩展。但是不同的是，数据项的值可以是基本数据类型、列表、键值对，以及层次结构复杂的文档类型。在文档数据库中，即使没有提前定义数据的文档结构，也可以进行数据的插入等操作。

第四，图模型。图模型基于图结构，使用节点、关系、属性三个基本要素存放数据之间的关系信息。在图论中，图是一系列节点的集合，节点之间使用边进行连接。节点用于保存实体对象的属性值，边用于描述各个实体之间的关系。该模型可以直观地表达和展示数据之间的关系，还支持图结构的各种基本算法。

在大数据背景下发展起来的 NoSQL 数据库没有统一的架构，基于不同的数据模式组织数据，但是它们具有一些共同特征：具有高扩展性，支持分布式存储，高性能，架构灵活，支持结构化、半结构化及非结构化数据，运营成本低。同时相比关系数据库也有一些不足：没有标准化的数据模型和查询语言，查询功能有限，大部分不支持数据库事务等。用户应该根据自己的业务需求，合理地选择合适的数据库以提高数据的存储效率。

第三节　空间数据库的设计及管理

一、空间数据库的设计

空间数据库的建库质量会影响对空间数据的操作效率。空间数据库的设计涉及一系列技术的综合利用。

（一）空间数据库设计的要点

1. 空间数据库设计的步骤

空间数据库的设计分为以下三个主要步骤，包括一系列具体要考虑的问题。

（1）概念设计阶段。采用高层次的概念模型来组织所有与应用相关的可用信息。在概念层上关注应用的数据类型及其联系和约束，不必考虑细节问题。概念模型常用浅显的文字结合图形符号来表示，如 E-R 模型、UML 等工具。

（2）逻辑设计阶段。是概念模型在 DBMS 上的具体实现，将建立的空间数据模型（如基于实体/对象的模型、基于域的模型）映射到数据库实现模型（如对象—关系模型）的过程。在关系模型中，数据类型、关系和约束都被建模为关系（表）。

（3）物理设计阶段。主要解决数据库在计算机中如何实现的系列问题，有关存储、索引和内存管理等问题，都在这个阶段解决。

2. 空间数据库设计的内容

在数据库具体设计的细节方面，应当仔细考虑以下内容。

（1）数据存储方案、存储介质、容量、访问速度、在线服务等方面的问题。它们将影响数据的存储和访问效率。

（2）如何建立空间数据的分层问题。分层存储空间数据的好处是显然的，但如何分层，则须考虑数据库的要求和 GIS 的应用要求。无缝图层是 GIS 空间数据库组织数据的主要形式。无缝图层是指在物理上，一个研究区域应该是一组连续的图层文件，不是一组相互独立的、被分割的图幅数据分层文件，即用户可以在一个研究区内对数据任意、开窗、放大、漫游、查询、分析和制图操作。分幅测绘的地图分层文件应该在物理位置上拼接成一个连续的图层文件，并对图幅接边处的地理对象进行合并处理。

（3）如何合理地对空间数据进行分区处理问题。逻辑分区处理是管理大范围数据的有效措施。可以选择行政边界、地图分幅、流域分水岭等对连续的图层文件进行分区处理，并建立分区索引，但应结合具体的 GIS 应用。

（4）空间数据库组织问题。不同尺度、不同数据类型的数据组织等。

（5）数据库执行的标准问题。采用数据的格式、精度和质量等都应当标准化。

（6）数据库数据的变化与更新问题。如空间数据的添加、删除和更新，应由数据库管理员控制。又如历史库、现势库和工作库之间关系的定义等。

（7）数据库用户的角色和权限定义问题。定义访问数据库的用户角色和访问权限等，如访问数据库的用户分类、对数据库数据的读写权限等。

（8）数据库的安全性考虑，应强化对数据的备份、版权等的管理。

（9）计划安排。对数据的有效性、优先级、数据的获取应有周密的计划安排。

（二）空间数据的分类与分层

空间数据的分类，为数据的代码设计和分层设计提供了依据。分类代码为数据库按类组织数据的实现提供了基础。

1. 空间数据的分类

分类实现了对地理实体对象的有序组织，是一种信息结构。编码将分类结果用代码的形式固定下来，是一种数据结构，便于计算机存储管理。

分类是将具有共同属性或特征的事物或现象归并在一起，而把不同属性或特征的事物或现象分开的过程。分类是人类思维所固有的一种活动，是认识事物的一种方法。

（1）分类的基本原则

第一，科学性。选择事物或现象最稳定的属性和特征作为分类的依据。

第二，系统性。应形成一个分类体系，低级的类应能归并到高级的类中。

第三，可扩性。应能容纳新增加的事物和现象，而不至于打乱已建立的分类系统。

第四，实用性。应考虑对信息分类所依据的属性或特征的获取方式和获取能力。

第五，兼容性。应与有关的标准协调一致。

（2）分类的基本方法

分类的基本方法包括线分类法和面分类法。

线分类法又称为层级分类法，它是将初始的分类对象按所选定的若干个属性或特征依次分成若干个层级目录，并编排成一个有层次的、逐级展开的分类体系。其中，同层级类目之间存在并列关系，不同层级类目之间存在隶属关系，同层类目互不重复、互不交叉。线分类法的优点是容量较大、层次性好、使用方便；缺点是分类结构一经确定，不易改动，当分类层次较多时，代码位数较长。

面分类法是将给定的分类对象按选定的若干个属性或特征分成彼此互不依赖、互不相干的若干方面（简称面），每个面中又可分成许多彼此独立的若干个类目。使用时，可根据需要将这些面中的类目组合在一起，形成复合类目。面分类法的优点是具有较大的弹性，一个面内类目的改变，不会影响其他面，且适应性强，易于添加和修改类目；缺点是不能充分利用容量。

2. 空间数据的分级

分级是对事物或现象的数量或特征进行等级的划分，主要包括确定分级数和分级界线。

（1）确定分级数的原则

第一，分级数应符合数值估计精度的要求。分级数多，数值估计的精度就高。

第二，分级数应顾及可视化的效果。等级的划分在 GIS 中要以图形的方式表示出来，根据人对符号等级的感受，分级数应在 4 ~ 7 级。

第三，分级数应符合数据的分布特征。对于呈明显聚群分布的数据，应以数据的聚群数作为分级数。

第四，在满足精度的前提下，应尽可能选择较少的分级数。

（2）确定分级界线的基本原则

确定分级界线的基本原则包括：①保持数据的分布特征，使级内差异尽可能小，各级代表值之间的差异应尽可能大；②在任何一个等级内都必须有数据，任何数据都必须落在某一个等级内；③尽可能采用有规则变化的分级界线；④分级界线应当凑整。

在分级时，大多采用数学方法，如数列分级、最优分割分级等。对于有统一标准的分级方法，应采用标准的分级方法，如按人口数把城市分为特大城市、大城市、中等城市、小城市等；也可以定性地分级，如国家、省、市、县、镇等。分级也需要使用分级代码的形式才能被计算机识别和处理。

3. 空间数据的编码

空间数据编码，是指确定空间数据分类代码的方法和过程。代码是一个或一组有序的、易于被计算机或人识别与处理的符号，是计算机鉴别和查找信息的主要依据和手段。编码的直接产物就是代码，而分类分级则是编码的基础。

（1）代码的主要功能：①鉴别，代码代表对象的名称，是鉴别对象的唯一标识；②分类，当按对象的属性分类，并分别赋予不同的类别代码时，代码又可作为区分分类对象类别的标识；③排序，当按对象产生的时间、所占的空间或其他方面的顺序关系排列，并分别赋予不同的代码时，代码又可作为区别对象排序的标识。

（2）编码应遵循的原则

第一，唯一性。一个代码只唯一地表示一类对象。

第二，合理性。代码结构要与分类体系相适应。

第三，可扩性。必须留有足够的备用代码，以适应扩充的需要。

第四，简单性。结构应尽量简单，长度应尽量短。

第五，适用性。代码应尽可能反映对象的特点，以帮助记忆。

第六，规范性。代码的结构、类型、编写格式必须统一。

（3）代码的类型，是指代码符号的表示形式，有数字型、字母型、数字和字母混合型三类。

数字型代码：用一个或若干个阿拉伯数字表示对象的代码。其特点是结构简单、使用方便、易于排序，但对对象的特征描述不直观。

字母型代码：用一个或若干个字母表示对象的代码。其特点是比同样位数的数字型代码容量大，还可提供便于识别的信息，易于记忆，但比同样位数的数字型代码占用更多的计算机空间。

数字、字母混合型代码：由数字、字母、专用符组成的代码。兼有数字型和字母型的优点，结构严密、直观性好，但组成形式复杂、处理麻烦。

由于编码在数据处理和数据共享中具有重要作用，一般需要形成地方或国家标准。

4. 空间数据的分层

地理信息固有的层次性为 GIS 分层进行数据组织提供了依据。分层是空间数据组织的高级形式。分层为数据的有效管理和使用提供了方便。

地理空间数据可按某种属性特征形成一个数据层，通常称为图层。图层是描述某一地理区域的某一（有时也可以是多个）属性特征的数据集。因此，某一区域的地理目标可以看成是若干图层的集合。原则上讲，图层的数量是无限制的，但实际上要受 GIS 数据结构、计算机存储空间等的限制。

通常按以下方法对地理目标进行分层。

（1）按专题属性分层，每个图层对应一个专题属性，包含某一种或某一类数据。如地貌层、水系层、道路层、居民地层等。对于不同的研究目的，地理目标可以根据不同的专题分成不同的数据层。

（2）按时间序列分层，即把不同时间或不同时期的数据分别构成各个数据层。地理目标分层的目的主要是为了便于空间数据的管理、查询、显示、分析等。当地理目标分为若干数据层后，对所有地理目标的管理就简化为对各数据层的管理，而一个数据层的数据结构往往比较单一，数据量也相对较小，管理起来相对简单；而对分层的地理目标数据进行查询时，不需要对所有数据进行查询，只需要对某一层数据进行查询即可，因而可加快查询速度；分层后的数据由于任意选择需要显示的图层，因而增加了图形显示的灵活性；对不同数据层进行叠加，可进行各种目的的空间分析。

（3）按实体几何类型分层，因数据文件存储和属性管理的需要，因点、线、面实体在数据结构上的差别，GIS 软件一般都按点、线、面类型分别存储文件。

（4）按实体属性结构分层，即便是同一类型或统一专题的数据，因属性取值类型或属性项的不同，也须将它们分在不同的图层。

（5）按照垂直分带性分层，即在考古和地质勘探应用中，根据位于不同年代或地质层进行分层。

（6）上述方法的综合考虑分层。

（三）空间数据库的组织方式

虽然每种数据都有其各自的特点和用途，但作为数据应用部门和数据提供部门的不同数据使用目的，其数据组织方式可能存在不同。

1. 数据提供部门的数据组织方式

从数据管理和数据集成的角度来看，在空间数据库的系统中，所有数据按照管理属性只分为三类：一是向用户提供的现势性最好的成果数据，建立的数据库称为成果库；二是被更新下来的成果数据称为历史数据，建立的数据库称为历史库；三是为了实现对成果数据在线检索查询、分析应用或销售，需要在线运行的数据，建立的数据库称为运行库。这样划分有以下理由。

（1）成果数据是数据库系统中管理的主要数据对象，它按照一定的地理范围、以单个数据文件的形式存储在磁带库、光盘或磁盘阵列中，是向用户提供的基本数据。它将各数据生产部门生产的原始成果数据，经过入库检查和整理，按照成果数据管理的要求存储至系统指定的目录中或数据库中，一般不改变原始成果数据的内容、存储格式等基本属性，只是按照一定的规则，从对原始成果数据管理的角度来进行整理，为进一步的数据加工和提供数据服务做好准备。对成果数据进行管理的系统称为成果管理数据库，是数据生产过程中的初始成果数据库。

（2）当同一数据单元内有两个以上版本的成果数据时，也就是进行数据更新后，较早版本的成果数据就成了历史数据，作为对自然变化监测的重要数据源，我们不但要保存好这些历史数据，还要在需要时能及时提供，因此就需要建立历史数据库。同一时态的同一种数据只能是成果数据或历史数据中的一种，没有重叠。

（3）在线运行数据库是为了实现数据的在线检索和浏览分析及制图而建立的，它采用数据转换、重采样、要素简化等多种技术手段对成果数据进行处理，并建立以空间数据库管理系统或地理信息系统为平台的逻辑上无缝或物理上无缝的空间数据库，即我们通称的数据库，为用户提供高效的查询、分发、制图、分析应用服务，是数据产品的最终成果。

成果库的目的在于保护数据的原始成果，历史数据库的目的在于保存历史数据，运行数据库的目的在于数据的分发。

2. 数据应用部门的数据组织方式

与数据提供部门一样，数据应用部门的数据库按照使用属性，一般也会组织成三类数据库，即现势数据库、历史数据库和工作数据库。

现势数据库，对应于系统的所有数据，并按照数据所支持的应用，严格按照数据库建设的规则建库。为了在应用中保护部门的数据完整性和数据安全，一般不允许对该数据库的数据直接进行操作，仅提供数据的拷贝。

历史数据库，保存数据更新后的历史数据，服务于时态数据的分析。

工作数据库，是对现状库提取来的数据库子库，一般只须导入为某种分析目的建立的临时数据库。建库过程不须对数据内容进行任何编辑和改变。当任务完成后，工作库可以删除。因此，工作数据库根据分析的不同任务，可以随时建立，也可随时取消。另外，为了数据挖掘的需要，工作库中的数据还可按照数据使用的要求，组织成数据仓库，以便数据挖掘使用。

（四）空间数据库数据存储方案

1. 分幅数据存储方案

分图幅对地图数据进行管理一般只适合数据生产部门，因为他们很少会对数据进行跨图幅的分析操作。应用最频繁的工作是数据的更新，而数据整幅被更新又是常见的事，因此，分幅管理有一些好处，其成果库和历史库采用这种方式很合适。如果没有必要建立数据库，甚至只用文件目录管理也未尝不可。

2. 无缝图层数据存储方案

在数据的分析应用中，跨图幅操作数据是常见的事，建立无缝图层是简化数据操作的必要条件。因此，数据的管理多以图层为单位来进行存储管理。它多适用于 DLG、DEM 等，对 DRG 和 DOM 仍以采用分幅管理为宜，但都应建立数据库，以强调数据库管理的好处。其中，基于扩展关系数据库的影像数据库是将影像数据存储在二进制变长字段中（BLOB），然后应用程序通过数据访问接口来访问数据库中的影像数据，同时，影像数据的元数据信息也存放在关系数据库的表中，二者可以进行无缝管理。它具有以下优点。

（1）所有数据集中存储，数据安全，易于共享；不通过数据库驱动接口，不可能访问影像信息，有利于数据的一致性和完整性，数据不会意外地被随意移动、修改和删除。

（2）容易构造基于 Client/Server 模式下的分布式应用。与 File/Server 模式相比，Client/Server 模式下的网络性能和数据传输速度都有很大提高。

（3）支持事务处理和并发控制，有利于多用户的访问与共享。

（4）支持异构的网络模式，即应用程序和后台的数据库服务器可以运行在不同的操作系统平台下。由于目前大型的商用数据库都具有良好的网络通信机制，其本身可以实现这种异构网络的分布式计算，因此应用程序的开发相对简单。

（5）由于关系数据库管理系统具有良好的数据共享机制，可以使影像数据得到充分的共享。

（6）可以方便地将影像数据和元数据集成到一起，进行交互式的查询。

（7）可以方便地管理多数据源和多时态的数据。

二、空间数据的管理

"由于空间数据的特殊性质，空间数据库已从最初的文件索引系统逐步向大数据方向演化，并能结合不同的实际用途共同开发多个方向的数据管理系统。"[①] 空间数据的管理模式随着 GIS 软件技术的发展不断变化。不同的管理模式对 GIS 的维护、数据操作、数据集成、数据共享等具有重要影响。

（一）空间数据库的管理模式

在早期的 GIS 软件中，空间数据的几何数据（位置数据）和属性数据是由分开的数

---

① 余秋实，邵燕林 . 空间数据库的回归与发展趋势 [J]. 地理空间信息，2021，19（11）：31.

据库系统分别存储管理的，几何数据以图形文件保存，用文件系统管理，属性数据用关系数据库存储管理，图形文件中的一个图形要素对应于关系数据库中数据表中的一个属性记录，彼此通过要素的标识码（ID）来连接，这种存储管理模式称为地理相关模型，如早期的 Arc/Info 软件。面向对象的数据模型在数据的存储与管理方面，不用分开存储管理几何数据和属性数据，而是在同一个数据库中同时存储着两种数据，通常是使用经过扩展的标准商业化关系数据库，这种存储管理模式称为地理关系模型。它消除了两种数据文件系统之间因同步带来的复杂性。

空间数据库是地理信息系统的核心，地理信息系统几次重大的技术革命都是与空间数据库管理系统的技术发展相关的。20 世纪 80 年代，文件系统与关系数据库管理系统结合的空间数据管理方式和 20 世纪 90 年代末出现的对象关系数据库管理系统都代表着当时 GIS 软件的基本特征。

第一代 GIS 是直接建立在文件系统之上的，这些系统提供的功能非常有限。这些系统多数是依靠人工编码，缺少数据的定义可能性和进化能力。

第二代 GIS 使用了传统的数据库系统，通常是关系数据库，管理非空间数据，使用另一个文件系统管理空间数据。

第三代 GIS 试图对空间数据和非空间数据进行一体化管理。通常是在传统的关系数据库之上，增加一个管理和处理空间数据的附加系统。

第四代 GIS 是新近出现的一种类型，建立在扩展的数据库系统之上，全面支持空间信息和非空间信息的处理，它们依靠空间基本数据类型和操作，取得系统的高度集成。

空间数据库管理系统除了提供数据存储与管理的必要操纵功能外，空间数据的逻辑组织也是创建有效空间数据库必须考虑的主要因素之一。建立空间数据库的主要目的是将分幅分层生产的数据进行整理，使之符合统一的规范和标准，并对数据进行有效组织、管理，便于空间数据的查询、分发与制图。

所以，空间数据库的基本要求是，数据是标准化、规范化的，采用统一的编码和统一的格式。当需要在整个区域范围内对空间数据进行操作时，必须建立逻辑上或物理上无缝的数据库，在平面方向，分幅的数据要组织成一个无缝的整体；在垂直方向，各种数据通过一致的空间坐标定位，能够相互叠加和套合。空间数据库管理系统要有高效的空间数据查询、调度、漫游，以及数据分发与制图等功能。

（二）时空数据库管理系统结构

尽管人们提出了不同的时空数据库管理系统的结构，但最有用的包括以下类型。

第一，带有附加地图数据层的标准关系数据库管理系统。时空数据层在标准的数据库管理系统（DBMS）的顶层实现，分为薄层和厚层两种方法。薄附加数据层的主要思想是尽可能利用现有的 DBMS 的功能和抽象数据类型表达时空特性；厚附加数据层的主要思想是利用中间件表达时空概念，DBMS 用于永久对象的存储。这两种方法均通过扩展查询语言实现时空信息系统的概念。

第二，设计与作为底层的标准 DBMS 结合型的结构。文件系统用于存储空间数据、时态数据和索引，提供对 DBMS 中数据的支持。主要的缺点是在 DBMS 和文件系统之间的坐标系统的维护，以及两个系统之间的一致性是一个艰巨的任务。

第三，扩展 DBMS，替代上述的两种实现方案。通过在 DBMS 内核上扩展增加新的组件，如数据类型、访问方法、存储结构和底层的查询处理方法，实现对时空数据的管理。

第四章　地理信息系统空间数据的处理研究

第一节　地理信息系统空间数据的格式转换与质量分析

一、空间数据格式转换

地理信息系统经过多年的发展，应用已经相当广泛，积累了大量数据资源。由于使用了不同的 GIS 软件，数据存储的格式和结构有很大的差异，给多源数据综合利用和数据共享带来不便。在这一任务中我们将解决空间数据格式之间变换的问题，为实现数据共享利用提供方便。

（一）空间数据交换模式

1. 基于直接数据访问的共享模式

直接数据访问是指在一个 GIS 软件中实现对其他软件数据格式的直接访问。对于一些典型的 GIS 软件，尤其是国外的 GIS 软件，用户可以在一个 GIS 软件中存取多种其他格式的数据，如 Intergraph 公司的 Geomedia 软件可存取其他各种软件的数据。这种直接访问可避免烦琐的数据转换，为信息共享提供了一种经济实用的模式。

但这种模式的信息共享要求建立在对宿主软件的数据格式充分了解的基础上，如果宿主软件的数据格式发生变化，数据转换的功能则需要升级或改善。一般这种数据转换功能要通过 GIS 软件开发商相互合作实现。

2. 基于外部文本文件的数据转换共享模式

由于商业秘密或安全等原因，用户难以读懂 GIS 软件本身的内部数据格式文件，为促进软件的推广应用，部分 GIS 软件向用户提供了外部文本文件。通过该文本文件，不同的 GIS 软件也可实现数据的转换，根据 GIS 软件本身的功能不同，数据转换的次数也有差别。

3. 基于通用转换器的数据转换共享模式

由加拿大 Safesoftware 公司推出的 FME 可实现不同数据格式之间的转换。该方法是基于 OpenGIS 组织提出的新的数据转换理念"语义转换"，通过在转换过程中重构数据的功能，实现了不同空间数据格式之间的相互转换。由于 FME 在数据转换领域的通用性，它正在逐渐成为业界在各种应用程序之间共享地理空间数据的事实标准。

作为 FME 的旗舰产品，FME universal translator 是个独立运行的强大的 GIS 数据转换平台，是完整的空间 ETL 解决方案。该方案基于 OpenGIS 组织提出的新的数据转换理念"语义转换"，通过提供在转换过程中重构数据的功能，实现了超过 250 种不同空间数据格式（模型）之间的转换，为进行快速、高质量、多需求的数据转换应用提供了高效、可靠的手段。

还能够实现 100 多种数据格式，如 dwg、dxf、dgn、Arc/InfoCoverage、ShapeFile、ArcSDE、OracleSDO 等的相互转换。从技术层面上说，FME 不再将数据转换问题看作是从一种格式到另一种格式的变换，而是完全致力于将 GIS 要素同化并向用户提供组件，以使用户能够将数据处理为所需的表达方式。

4. 基于国家空间数据转换标准的数据转换共享模式

为了更方便地进行空间数据交换，也为了尽量减少空间数据交换损失的信息，使之更加科学化和标准化，许多国家和国际组织制定了空间数据交换标准，我国也制定了相应的空间数据交换格式标准（CNSDTF）。有了空间数据交换的标准格式后，每个系统都提供读写这一标准格式空间数据的程序，从而避免大量的编程工作，但目前国内 GIS 软件较少具备国家空间数据交换格式的读写功能。

（二）空间数据转换内容

空间数据转换是将地理空间信息从一种表示形式或数据格式转换为另一种的过程。这个过程通常涉及将地理信息系统（GIS）中的数据从一个坐标系统、投影系统或数据结构转换为另一个，以便更好地满足特定应用的需求。具体如下。

第一，坐标系统转换。地球是一个三维的椭球体，不同的 GIS 和地图可能使用不同的坐标系统来表示地球上的位置。空间数据转换中的一个常见任务是将数据从一个坐标系统转换为另一个，以确保不同数据集之间的一致性。这可能涉及投影的转换，例如从经纬度坐标（WGS84）到平面坐标（UTM）的转换。

第二，投影转换。不同的地图投影适用于不同的地理区域和应用场景。在空间数据转换中，可能需要将数据从一种投影转换为另一种，以适应特定的地图或分析需求。这包括等距投影、圆锥投影、柱状投影等。

第三，数据格式转换。空间数据可以以多种格式存在，例如矢量数据（点、线、面）、栅格数据（像素网格）、数据库格式等。转换可能涉及将数据从一种格式转换为另一种，以适应不同的 GIS 软件、平台或应用程序。

第四，数据结构转换。空间数据的存储结构可以有不同的组织方式，如矢量数据中的要素集、栅格数据中的像元等。在空间数据转换中，可能需要调整数据的结构，以匹配目标系统或更好地支持特定的分析操作。

基于以上数据转换模式，几乎所有的 GIS 软件都提供了面向其他平台的双向转换工具，如 Arcinfo 提供了 AutoCAD、Mapinfo 等格式的双向转换工具，Mapinfo 也提供了对 Arcinfo 和 dwg/dxf 格式数据的双向转换工具，国产软件如 MapGIS、SuperMap 等软件也提供了和大多数其他格式数据交换的转换工具。

二、空间数据质量分析

在获取地理空间数据时，必须考虑空间数据的质量。数据质量是指数据适用于不同应用的能力，只有了解数据质量之后才能判断数据对某种应用的适宜性。

（一）空间数据质量的反映指标

空间数据质量是指地理数据正确反映现实世界空间对象的精度、一致性、完整性、现势性及适应性的能力。空间数据质量可从以下方面来考察。

1. 准确度

准确度是指测量值与真值之间的接近程度，通常通过误差来衡量。误差可以是绝对误差（测量值与真值之差的绝对值）或相对误差（绝对误差与真值之比）。在空间数据中，准确度对于地图制图、导航、资源管理等应用至关重要。

（1）地图量测与 GNSS 的距离比较

地图量测：假设两地间的实际距离为 100 km，通过地图测量得到的距离为 98 km。这意味着地图测量的误差为 2 km。这样的误差可能是由地图投影、比例尺或数据源精度等因素引起的。

GNSS 量测：利用 GNSS 技术精确测量两地间的距离。假设 GNSS 计算的距离为 99.9 km，那么误差仅为 0.1 km。相比之下，GNSS 的测量准确性明显高于地图测量。

（2）GNSS 与地图量测的准确性比较

第一，GNSS 的优势。

卫星定位技术：GNSS 利用全球卫星系统，如 GPS、GLONASS、Galileo 等，提供高精度的位置信息。

实时动态测量：GNSS 可以提供实时动态测量，适用于车辆导航、飞行导航等需要即时位置信息的应用。

高度准确性：GNSS 测量准确度通常在几米到亚米的范围内，适用于精密测量需求。

第二，地图量测的局限性。

投影和比例尺：地图上的距离受到投影方式和比例尺的影响，导致了测量误差。

数据源不确定性：地图数据的来源不同，精度也会有差异，可能影响测量的准确性。

2. 精度

精度即对现象描述的详细程度。如对同样两点，用 GNSS 测量可得 9.903 km，而用工程制图尺在 1 ∶ 100 000 的地形图上量算仅可得到小数点后两位，即 9.85 km，9.85 km 比 9.903 km 精度低，但精度低的数据并不一定准确度也低。如在计算机中用 32 bit 实型数来存储 0 ~ 255 范围内的整数，并不能因为这类数后面带着许多小数位而说这类数比仅用 8 bit 的无符号整型数存储的数更准确，它们的准确度实际上是一样的。若要测地壳移动，用精度仅在 2 ~ 5 m 的 GNSS 接收机测量当然是不可能的，需要用精度在 0.001 m 量级供大地测量用的 GNSS 接收机。

3. 相容性

指两个来源的数据在同一个应用中使用的难易程度。例如，两个相邻地区的土地利用图，当要将它们拼接到一起时，两图边缘处不仅边界线可良好地衔接，而且类型也一致，称两图相容性好；反之，若图上的土地利用边界无法接边，或者两个城市的统计指标不一致造成了所得数据无法比较，则称为相容性差或不相容。这种不相容可以通过统一分类和统一标准来减轻。

另一类不相容性可从使用不同比例尺的地图数据看到，一般土壤图比例尺小于 1 ∶ 100 000，而植被图则在 1 ∶ 15 000 ~ 1 ∶ 150 000，当使用这两种数据进行生态分类时，可能出现两种情况：①当某一土壤的图斑大小使它代表的土壤类型在生态分类时可以被忽略；②当土壤界线与某植被图斑相交时，它实际应该与植被图斑的部分边界一致，这种状况使得本该属于同一生态类型的植被图被划分为两类，造成这种状况的原因可能是土壤图制图时边界不准确，或由制图综合所致。显然，比例尺的不同会造成数据的不相容。

4. 不确定性

不确定性指某现象不能精确测得，当真值不可测或无法知道时，我们就无法确定误差，因而用不确定性取代误差。统计上，用多次测量值的平均来计算真值，而用标准差来反映可能的误差大小。因此，可以用标准差来表示测量值的不确定性。然而欲知标准差，就需要对同一现象做多次测量。

例如，由于潮汐的作用，海岸线是某一瞬间海水与陆地的交界，是一个大家熟知的不能准确测量的值；又如高密度住宅或常绿阔叶林，当地图或数据库中出现这类多边形时，我们无法知道住宅密度究竟多高，该处常绿阔叶林中到底有哪几种树种，而只知道一个范围，因而这类数据是不确定的。一般而言，从大比例尺地图上获得的数据，其不确定性比小比例尺地图上的小，从高空间分辨率遥感图像上得到的数据的不确定性比低分辨率数据的小。

5. 完整性

完整性指具有同一准确度和精度的数据在特定空间范围内完整的程度。一般来说，空间范围越大，数据完整性可能越差。数据不完整的例子很多，例如，计算机从 GNSS 接收机传输位置数据时，由于软件受干扰的缘故，只记录下经度而丢失了纬度，造成数据不完整；GNSS 接收机无法收到四颗或更多的卫星信号而无法计算高程数据；某个应用项目需要 1：50000 的基础底图，但现有的地图数据只覆盖项目区的一部分。

6. 一致性

一致性指对同一现象或同类现象表达的一致程度。例如，同一条河流在地形图和在土壤图上的形状不同，或同一行政边界在人口图和土地利用图上不能重合，这些均表示数据的一致性差。

逻辑的一致性指描述特征间的逻辑关系表达的可靠性。这种逻辑关系可能是特征的连续性、层次性或其他逻辑结构。例如，水系或道路是不应该穿越一个房屋的、岛屿和海岸线应该是闭合的多边形、等高线不应该交叉等。有些数据的获取，由于人力所限，是分区完成的，在时间上就会出现不一致。

7. 可得性

可得性指获取或使用数据的容易程度。保密的数据按其保密等级限制使用者的多少，有些单位或个人无权使用；公开的数据则按价钱决定可得性，太贵的数据可能导致用户另行搜集，造成浪费。

8. 现势性

现势性指数据反映客观现象目前状况的程度。不同现象的变化频率是不同的，如地形、地质状况的变化一般来说比人类建设要缓慢。但地形可能会由于山崩、雪崩、滑坡、泥石流、人工挖掘及填海等原因而在局部区域改变。由于地图制作周期较长，局部的快速变化往往不能及时反映在地形图上，对那些变化较快的地区，地形图就失去了现势性。城市地区土地覆盖变化较快，这类地区土地覆盖图的现势性就比发展较慢的农村地区差一些。

数据质量的好坏与上述种种数据的特征有关，这些特征代表着数据的不同方面。它们之间有联系，如数据现势性差，那么用于反映现在的客观现象就可能不准确；数据可得性差，就会影响数据的完整性；数据精度差，则数据的不确定性就高，等等。

（二）空间数据误差来源及其类型

数据的误差大小即数据的不准确程度是一个累积的量。数据从最初采集，经加工最后到存档及使用，每一步都可能产生误差。如果在每步数据处理过程中都能做质量检查和控制，则可了解不同处理阶段数据误差的特点及其改正方法。误差分为系统误差和随机误差（偶然误差）两种，系统误差一经发现易于纠正，而随机误差则一般只能逐一纠正，或采取不同处理手段以避免随机误差的产生。

1. 数据的误差类型

（1）数据转换和处理的误差类型

第一，数字化误差。数字化误差是指在将现实世界中的模拟数据（如地图、图像等）转换为数字形式时引入的误差。这种误差可能来自多个环节，包括采集、存储、处理和显示等阶段。数字化误差的最终效果是可能导致数字数据与真实现象之间的不一致。为了减小数字化误差，需要采取适当的措施，包括使用高精度的采集设备、选择适当的数据格式、合理设置算法参数，以及注意数据的处理和显示过程中的细节。定期的质量控制和校正也是降低数字化误差的关键步骤。

第二，格式转换误差。格式转换误差是指在将数据从一种格式或表示形式转换为另一种格式或表示形式的过程中引入的误差。这种误差可能涉及数值精度、数据类型、单位、坐标系统等方面。降低格式转换误差的关键在于谨慎选择转换方法、确保适当的精度和数据类型匹配、使用准确的单位转换参数，以及在坐标系统转换等操作中采用适当的坐标变换方法。在实际应用中，经常需要进行质量控制和验证，以确保格式转换过程中的数据准确性和一致性。

第三，不同 GIS 系统间的数据转换误差。数据在不同地理信息系统（GIS）之间进行转换时，可能引入一些误差，这主要是由不同 GIS 系统使用不同的投影、坐标系、数据存储格式等因素引起的。为减小不同 GIS 系统间的数据转换误差，应采取相应措施：①使用标准的坐标系和地图投影，以确保系统之间的一致性；②在进行数据转换前，了解和匹配不同 GIS 系统的坐标单位、椭球体模型和地理参考系统；③使用高精度的坐标变换工具和算法，确保空间位置的准确性；④进行质量控制，包括比较转换前后的数据，以检测和纠正潜在的误差。

（2）利用 GIS 的数据进行各种应用分析时的误差

第一，数据层叠加时的冗余多边形。将不同数据集的空间信息叠加在一起，可以进行地理分析、查询和可视化。然而，在进行数据层叠加时，可能会遇到冗余多边形的问题。为避免冗余多边形的问题，可以采取以下方法：

数据清理：在进行数据层叠加之前，进行数据清理，包括修复拓扑错误、合并重叠的多边形等，以确保输入数据集的质量。

拓扑校正：使用GIS工具对数据进行拓扑校正，可以确保几何关系的一致性，减少冗余多边形的出现。

合并重叠区域：对于明显重叠的多边形，可以在预处理阶段合并这些区域，以减少冗余多边形的数量。

使用合适的工具和算法：在进行数据层叠加时，选择合适的GIS工具和算法，可以最小化冗余多边形的产生。

可视化检查：在进行数据层叠加后，可以通过可视化检查结果，识别并处理任何冗余多边形，确保最终结果的准确性和清晰度。

第二，数据应用时由应用模型引进的误差。在数据应用时，由应用模型引进的误差是指在将数据集集成到特定应用模型或算法中时，由于模型对数据的处理方式、对变量的假设或对不确定性的处理等方面引入的误差。这种误差可能来自多个源头，以下是一些常见的引进误差的原因：

模型假设不一致：应用模型通常对数据的一些假设，如数据的分布、相关性等进行假设。如果这些假设与实际数据的特征不一致，就会引入误差。

模型参数估计误差：在建立应用模型时，需要对模型参数进行估计。如果估计过程中存在误差，例如由于样本量不足或采样方法不当，那么模型的参数将不准确，从而引入误差。

模型的近似性：有时为了简化问题或提高计算效率，模型可能采用一些近似方法。这种近似可能导致模型输出与真实情况之间存在差异。

模型对异常值的敏感性：如果应用模型对异常值敏感，而数据集中存在异常值，那么模型的输出可能会受到异常值的极大影响，引入误差。

空间和时间尺度的不匹配：数据集和应用模型可能在空间和时间尺度上不匹配，导致模型的应用范围与数据实际的特征不一致，产生误差。

数据分辨率差异：如果应用模型要求的数据分辨率高于实际数据集的分辨率，或者相反，就可能引入模型与数据不匹配的误差。

模型对数据变化的敏感性：某些模型对数据变化的敏感性较高，当数据变动较大时，模型输出可能会产生较大的波动。

为降低由应用模型引进的误差，可以采取一些建议：①在建立模型之前，仔细了解数据的特性，确保模型假设与实际情况相符；②优化模型参数估计方法，确保估计的准确性和鲁棒性；③在模型评估和验证阶段，考虑不同场景下的性能表现，尤其是在边缘情况下的表现；④在应用模型前进行数据预处理，处理异常值、分辨率差异等问题，以减少数据与模型之间的不匹配；⑤采用多模型集成的方法，通过结合多个模型的输出来减小单个模型引入的误差。

上述误差分类对于了解误差的分布特点、误差源和处理方法，以及误差产生的特点有很多好处。归纳起来，数据的误差主要有四大类，即几何误差、属性误差、时间误差和逻辑误差。数据不完整性可以通过上述误差反映出来。事实上检查逻辑误差，有助于发现不完整的数据和其他误差。对数据进行质量控制或质量保证或质量评价，一般先从数据逻辑性检查入手。

2. 属性误差及其不确定性

（1）属性误差。属性数据可以分为命名、次序、间隔和比值四种测度。

间隔和比值测度的属性数据误差可以用点误差的分析方法进行分析评价，这里主要讨论命名和次序这类属性。多数专题数据制图之后都用命名或次序数据表现。例如，土地覆盖图、土地利用图、土壤图、植被图等的内容主要为命名数据，而反映坡度、土壤侵蚀度或森林树木高度的数据多是次序数据。如将土壤侵蚀度划分为四级，可用1代表轻度侵蚀，用4代表最重的侵蚀。考察空间任意点处定性属性数据与其真实的状态是否一致，只有两种答案，即对或错。因此，可以用遥感分类中常用的准确度评价方法来评价定性数据的属性误差。

定性属性数据的准确度评价方法比较复杂。它受属性变量的离散值（如类型的个数）、每个属性值在空间上的分布和每个同属性地块的形态和大小、检测样点的分布和选取，以及不同属性值在特征上的相似程度等多种因素的影响。

（2）属性数据的不确定性。下面以土地利用类型为例，简单介绍属性数据的不确定性。假设某地共有城市、植被、裸地和水面四类。

土地利用图一般根据航空图像解译或对卫星遥感数据进行计算机分类得到，一个图像像元有多种土地利用类型。航空图像解译的结果是一个个多边形，某个多边形往往是合并了许多不同的土地覆盖类型的结果，所以也常常包含其他土地利用成分。例如，城市中有水面，但如果水面面积较小，它就会被合并到城市土地利用的其他类型中。

对于其他类型来说，也有同样的情况。很少有整片完全裸露的土地，裸地上也多多少少有植被覆盖，当植被覆盖在10%以下时，整块地都会被分为裸地。

可见，最终得到的土地利用图是不确定的，难以确定某个土地利用类型中其他土地利用类型到底含有多大的比例，而且这种比例在空间上的分布是变化的，因此，根据这类土地利用类型图所得到的面积统计一般会有偏差。例如，一块被分类为植被类型的土地如果实际由 30% 的裸地、10% 的水面和 60% 的植被覆盖组成，在这种情况下如果记录了植被类型，则有 40% 的不确定性。如果在航空图像解译或遥感图像分类时将其他类型可能占的比例也估算出来，那么就可以大大降低不确定性。

第二节　地理信息系统空间数据的编辑与拓扑关系建立

一、空间数据编辑

（一）图形数据编辑

1.图形数据编辑错误及检查方法

（1）图形数据编辑中的常见错误。空间数据采集过程中，人为因素是造成图形数据错误的主要原因。如数字化过程中手的抖动，两次录入之间图纸的移动，都会导致位置不准确，并且在数字化过程中难以实现完全精确的定位。常见的数字化错误是线条连接过头和不及两种情况。此外，在数字化后的地图上，经常出现以下错误：

第一，伪节点。当一条线没有一次录入完毕时，就会产生伪节点。伪节点使一条完整的线变成两段。

第二，悬挂节点。当一个节点只与一条线相连接，那么该节点称为悬挂节点。悬挂节点有过头和不及、多边形不封闭、节点不重合等几种情形。

第三，碎屑多边形。碎屑多边形也称条带多边形。因为前后两次录入同一条线的位置不可能完全一致，就会产生碎屑多边形，即由重复录入引起。另外，当用不同比例尺的地图进行数据更新时也可能产生。

第四，不正规的多边形。在输入线的过程中，点的次序倒置或者位置不准确会引起不正规的多边形。在进行拓扑生成时，会产生碎屑多边形。

（2）图形数据编辑中错误的检查方法。上述错误一般会在建立拓扑的过程中发现。其他图形数据错误，包括遗漏某些实体、重复录入某些实体、图形定位错误等的检查一般可采用如下方法。

第一，叠合比较法，即把成果数据打印在透明材料上，然后与原图叠合在一起，在透光桌上仔细观察和比较。叠合比较法是空间数据数字化正确与否的最佳检核方法，对于空间数据的比例尺不准确和空间数据的变形马上就可以观察出来。如果数字化的范围比较大，分块数字化时，除检核一幅（块）图内的差错外，还应检核已存入计算机的其他图幅的接边情况。

第二，目视检查法，指在屏幕上用目视检查的方法，检查一些明显的数字化误差与错误。

第三，逻辑检查法，指根据数据拓扑一致性进行检验，如将弧段连成多边形、数字化节点误差的检查等。

2.图形数据编辑的基本类型

图形数据编辑是纠正数据采集错误的重要手段，图形数据的编辑分为图形参数编辑及图形几何数据编辑，通常用可视化编辑修正。图形参数主要包括线型、线宽、线色、符号尺寸和颜色、面域图案及颜色等。图形几何数据的编辑内容较多，其中包括点的编辑、线的编辑、面的编辑等，编辑命令主要有增加数据、删除数据和修改数据等三类，编辑的对象是点元、线元、面元及目标。点的编辑包括点的删除、移动、追加和复制等，主要用来消除伪节点或者将两弧段合并等；线的编辑包括线的删除、移动、复制、追加、剪断和使光滑等；面的编辑包括面的删除、面的形状变化、面的插入等。编辑工作的完成主要利用GIS 的图形编辑功能来完成。

节点是线目标（或弧段）的端点，节点在 GIS 中地位非常重要，它是建立点、线、面关联拓扑关系的桥梁和纽带。GIS 中编辑相当多的工作是针对节点进行的。针对节点的编辑主要分为以下类别：

（1）节点吻合。节点吻合也称节点匹配和节点咬合。例如，三个线目标或多边形的边界弧段中的节点本来应是一点，坐标一致，但是由于数字化的误差，三点坐标不完全一致，造成它们之间不能建立关联关系，为此需要经过人工或自动编辑，将这三点的坐标匹配成一致，或者说三点吻合成一个点。

节点匹配有多种方法：第一种是节点移动，分别用鼠标将其中两个节点移动到第三个节点上，使三个节点匹配一致；第二种方法是用鼠标拉一个矩形，落入这种矩形中的节点坐标符合匹配一致，即求它们的中点坐标，并建立它们之间的关系；第三种方法是通过求交点的方法，求两条线的交点或延长线的交点，即是吻合的节点；第四种方法是自动匹配，给定一个容差，在图形数字化时或图形数字化之后，在容差范围之内的节点自动吻合在一起，如图 4-1 所示[①]。一般来说，如果节点容差设置合适，大部分节点能够互相吻合在一起，但有些情况下还需要使用前三种方法进行人工编辑。

----

① 本节图片引自：林琳，路海洋．地理信息系统基础及应用［M］．徐州：中国矿业大学出版社，2018：57-58.

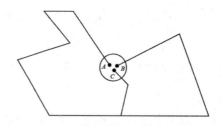

图 4-1 没有吻合在一起的三个节点

（2）节点与线的吻合。在数字化过程中，经常遇到一个节点与一个线状目标的中间相交，这时由于测量误差，它也可能不完全交于线目标上，而需要进行编辑，称为节点与线的吻合，如图 4-2 所示。编辑的方法也有多种：①节点移动，将节点移动到线目标上；②使用线段求交，求出 AB 与 CD 的交点；③使用自动编辑的方法，在给定的容差内，将它们自动求交并吻合在一起。

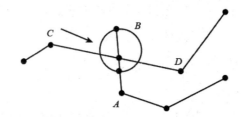

图 4-2 节点与线的吻合

节点与节点的吻合，以及节点与线目标的吻合可能有两种情况需要考虑：一种情况是仅要求它们的坐标一致，而不建立关联关系；另一种情况是不仅坐标一致，而且要建立它们之间的空间关联关系。后一种情况下，在图 4-2 中，CD 所在的线目标要分裂成两段，即增加一个节点，再与节点 B 进行吻合，并建立它们之间的关联关系，但对于前一种情况，线目标 CD 不变，仅 B 点的坐标做一定修改，使它位于直线 CD 上。

（3）清除假节点。仅有两个线目标相关联的节点称为假节点，如图 4-3 所示。有些系统要将这种假节点清除（Arc/Info），即将线目标 a 和 b 合并成一条，使它们之间不存在节点，但有些系统不要求清除假节点，因为这些所谓的假节点并不影响空间查询、空间分析和制图。

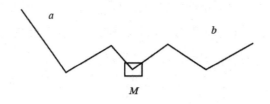

图 4-3 两个目标间的假节点

（4）删除与增加一个节点。如图4-4（a）所示，删除顶点 *d*，此时由于删除顶点 *d* 后线目标的顶点个数比原来少，所以该线目标不用整体删除，只是在原来存储的位置重新写一次坐标，拓扑关系不变。在操作上，首先要找到增加顶点对应的线 *cd*，给一个新顶点位置，如图4-4（b）所示的 *k* 点，这时七个顶点的线目标a、b、c、d、e、f、g变成由a、b、c、k、d、e、f、g八个顶点组成，由于增加了一个顶点，它不能重写于原来的存储位置（指文件管理系统而言），而必须给一个新的目标标识号，重写一个线状目标，将原来的目标删除，此时需要做一系列处理，调整空间拓扑关系。

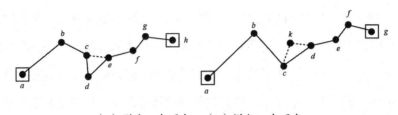

（a）删除一个顶点　（b）增加一个顶点

图 4-4　删除与增加一个节点

（5）移动一个顶点。移动一个顶点比较简单，因为只改变某个点的坐标，不涉及拓扑关系的维护和调整。如图4-5所示中的 *b* 点移到 *p* 点，所有关系不变。

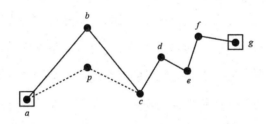

图 4-5　顶点移动

（二）属性数据编辑

属性数据校核包括两部分：①属性数据与空间数据是否正确关联，标识码是否唯一、不含空值；②属性数据是否准确，属性数据的值是否超过其取值范围等。对属性数据进行校核很难，因为不准确性可能归结于许多因素，如观察错误、数据过时和数据输入错误等。属性数据错误检查可通过以下方法完成：

第一，利用逻辑检查，检查属性数据的值是否超过其取值范围，属性数据之间或属性数据与地理实体之间是否有荒谬的组合。在许多数字化软件中，这种检查通常使用程序来自动完成。例如有些软件可以自动进行多边形节点的自动平差、属性编码的自动查错等。

第二，把属性数据打印出来进行人工校对，这和用校核图来检查空间数据的准确性相似。对属性数据的输入与编辑，一般在属性数据处理模块中进行。但为了建立属性描述数据与几何图形的联系，通常需要在图形编辑系统中设计属性数据的编辑功能，主要是将一个实体的属性数据连接到相应的几何目标上，亦可在数字化及建立图形拓扑关系的同时或之后，对照一个几何目标直接输入属性数据。一个功能强的图形编辑系统可提供删除、修改、拷贝属性等功能。

二、拓扑关系建立

拓扑学是研究图形在保持连续状态下变形时的那些不变的性质，也称"橡皮板几何学"。在拓扑空间中对距离或方向参数不予考虑。拓扑关系是一种对空间结构关系进行明确定义的数学方法，是指图形在保持连续状态下变形，但图形关系不变的性质。可以假设图形绘在一张高质量的橡皮平面上，将橡皮任意拉伸和压缩，但不能扭转或折叠，这时原来图形的有些属性保留，有些属性发生改变，前者称为拓扑属性，后者称为非拓扑属性或几何属性。这种变换称为拓扑变换或橡皮变换。

（一）点、线拓扑关系建立

点线拓扑关系的实质是建立节点—弧段、弧段—节点的关系表格，有以下两种方案：

第一，在图形采集与编辑时自动建立。主要记录两个数据文件：一个记录节点所关联的弧段，即节点弧段列表；另一个记录弧段的两个端点（起始节点）的列表。数字化时，自动判断新的弧段周围是否已存在节点。若有，将其节点编号登记；若没有，产生一个新的节点，并进行登记。

第二，在图形采集和编辑后自动建立。

（二）多边形拓扑关系建立

建立多边形拓扑关系是矢量数据自动拓扑关系生成中最关键的部分，算法比较复杂。多边形矢量数据自动拓扑主要包括以下步骤：

第一，链的组织。主要找出在链的中间相交而不是在端点相交的情况，自动切成新链。把链按一定顺序存储（如按最大或最小的 X 或 Y 坐标的顺序），这样查找和检索都比较方便，然后把链按顺序编号。

第二，节点匹配。节点匹配是指把一定限差内的链的端点作为一个节点，其坐标值取多个端点的平均值。然后，对节点顺序编号。

第三，检查多边形是否闭合。检查多边形是否闭合可以通过判断一条链的端点是否有与之匹配的端点来进行，若弧的端点没有与之匹配的端点，因此无法用该条链与其他链组成闭合多边形。多边形不闭合的原因可能是由于节点匹配限差的问题，造成应匹配的端点不匹配，或由于数字化误差较大，或数字化错误，这些都可以通过图形编辑或重新确定匹配限差来确定。另外，这条链可能本身就是悬挂链，不需要参加多边形拓扑，这种情况下可以做一个标记，使之不参加下一阶段的拓扑建立多边形的工作。

第四，建立多边形拓扑关系。根据多边形拓扑关系自动生成的算法，建立和存储多边形拓扑关系表格。

第三节　地理信息系统空间数据的误差校正与投影变换

一、空间数据的误差校正

一个地理信息系统所包含的空间数据都应具有同样的地理数学基础，包括坐标系统、地图投影等。扫描得到的图像数据和遥感影像数据往往会有变形，与标准地形图不符，这时需要对其进行几何纠正。当在一个系统内使用不同来源的空间数据时，它们之间可能会有不同的投影方式和坐标系统，需要进行坐标变换使它们具有统一的空间参照系。统一的数学基础是运用各种分析方法的前提。

（一）误差的基本类型

图形数据误差可分为源误差、处理误差和应用误差三种类型。源误差是指数据采集和录入过程中产生的误差；处理误差是指数据录入后进行数据处理过程中产生的误差；应用误差不属于数据本身的误差，因此，误差校正主要是来校正数据源误差的。这些误差的性质有系统误差、偶然误差和粗差。各种误差的存在使地图各要素的数字化数据转换成图形时不能套合，使不同时间数字化的成果不能精确联结，使相邻图幅不能拼接。所以数字化的地图数据必须经过编辑处理和数据校正，消除输入图形的变形，才能使之满足实际要求，进行应用或入库。

一般情况下，数据编辑处理只能消除或减少在数字化过程中因操作产生的局部误差或明显误差，但因图纸变形和数字化过程的随机误差所产生的影响，必须经过几何校正，才能消除。由于造成数据变形的原因很多，对于不同的因素引起的误差，其校正方法也不同，具体采用何种方法应根据实际情况而定，因此，在设计系统时，应针对不同的情况，应用不同的方法来实施校正。

从理论上讲，误差校正是根据图形的变形情况，计算出其校正系数，然后根据校正系数，校正变形图形。但在实际校正过程中，由于造成变形的因素很多，有机械的，也有人工的，因此校正系数很难估算。

（二）误差校正的范围

由于机械精度、人工误差、图纸变形等原因导致的整体图形或图形中的某块或局部图元发生位置偏差，与实际精度不符的情况，统称为变形图形，包括整图平移、旋转、交错、缩放等情形。这些发生变形的图形都属于校正的范畴。然而，对于因个别因素引起的局部误差，如少点、多边、接合不良等，或明显差错，只能进行编辑修改，不在校正范围内。校正是针对整幅图的全体图元或局部图元块而言的，而非单独处理个别图元。如果在图中仅发现某条弧段上的某点或某段数据发生偏移，可以通过编辑、移动点或移动弧段来进行数据纠正。但如果这部分图形整体发生位置偏移，可以考虑对这一部分进行整体校正。图中的校正示意是将图形调整到标准网格中。

（三）误差校正的种类

1. 几何纠正

由于一定原因，扫描得到的地形图数据和遥感数据存在变形，必须加以纠正，主要包括：①地形图的实际尺寸发生变形；②在扫描过程中，工作人员的操作会产生一定的误差，如扫描时地形图或遥感影像没被压紧、产生斜置或扫描参数的设置不恰当等，都会使工作人员的地形图或遥感影像产生变形，直接影响扫描质量和精度；③遥感影像本身就存在着几何变形；④地图图幅的投影与其他资料的投影不同，或须将遥感影像的中心投影或多中心投影转换为正射投影等；⑤扫描时受扫描仪幅面大小的影响，有时须将一幅地形图或遥感影像分成几块扫描，这样会使地形图或遥感影像在拼接时难以保证精度。

对扫描得到的图像进行校正主要涉及建立图像与标准地形图、地形图理论数值或已校正的正射影像之间的变换关系，以消除各类图形的变形误差。目前，常用的变换函数包括仿射变换、双线性变换、平方变换、双平方变换、立方变换、四阶多项式变换等。具体选择哪种变换函数应基于图像变形情况、地理特征及所选取的点数来决定。

2. 地形图纠正

对地形图的纠正，一般采用以下两种方法。

（1）四点纠正法。一般是根据选定的数学变换函数，输入须纠正地形图的图幅行、列号、地形图的比例尺、图幅名称等，生成标准图廓，分别采集四个图廓控制点坐标来完成。

（2）逐网格纠正法。是在四点纠正法不能满足精度要求的情况下采用的。这种方法和四点纠正法的不同点就在于采样点数目的不同，它是逐方里网进行的，也就是说，对每一个方里网，都要采点。

具体采点时，一般要先采源点（须纠正的地形图），后采目标点（标准图廓），先采图廓点和控制点，后采方里网点。

3.遥感影像纠正

遥感影像[①]的纠正，一般选用和遥感影像比例尺相近的地形图或正射影像图作为变换标准，选用合适的变换函数，分别在要纠正的遥感影像和标准地形图或正射影像图上采集同名地物点。

具体采点时，要先采源点（影像），后采目标点（地形图）。选点时，要注意选点的均匀分布，点不能太多。如果在选点时没有注意点位的分布或点太多，这样不但不能保证精度，反而会使影像产生变形。另外选点时，点位应选由人工建筑构成的并且不会移动的地物点，如渠或道路交叉点、桥梁等，尽量不要选河床易变动的河流交叉点，以免点的移位影响配准精度。

二、空间数据的投影变换

空间数据处理的一个重要方面是地图投影变换，这是因为 GIS 用户通常在平面上处理地图要素。这些地图要素代表地球表面的空间特征，而地球表面则呈椭球形。在 GIS 应用中，确保地图的各个图层采用相同的坐标系统至关重要。然而，现实中存在着多种坐标系，不同的制图者和 GIS 数据生产者使用了数百种不同的坐标系。例如，一些数字地图使用经纬度值进行度量，而另一些则采用特定于各自 GIS 项目的坐标系。如果要将这些数字地图整合使用，就必须在使用前进行投影或投影变换处理。

（一）地图投影

"当前，数字制图技术的进步极大地丰富和发展了地图的表现形式，地图实现了从二维到多维，从现实到虚拟，从静态到动态，从纸质图到电子地图的巨大跨越。而作为地图编制的数学基础，地图投影理论同样需要进一步发展完善。"[②]

1.地图投影的根本属性

---

① 遥感影像是指记录各种地物电磁波大小的胶片或照片，主要分为航空相片和卫星相片。

② 焦晨晨.常用地图投影变形计算机代数分析与优化 [D]. 北京：中国地质大学，2022：7.

地球椭球体面是一个不可展曲面，而地图是一个平面，为解决由不可展的地球椭球面到地图平面上的矛盾，采用几何透视或数学分析的方法，将地球上的点投影到可展的曲面（平面、圆柱面或椭圆柱面）上，由此建立该平面上的点和地球椭球面上的点的一一对应关系的方法，称为地图投影。但是，从地球表面到平面的转换总是带有变形，没有一种地图投影是完美的。每种地图投影都保留了某些空间性质，而牺牲了另一些性质。

2. 地图投影的主要分类

投影的种类很多，分类方法不尽相同，通常采用的分类方法有两种：一是依据变形的性质进行分类；二是依据承影面不同（或正轴投影的经纬网形状）进行分类。

（1）依据变形性质分类。按地图投影的变形性质，地图投影一般分为以下三种：

第一，等角投影。没有角度变形的投影叫等角投影。等角投影地图上两微分线段的夹角与地面上的相应两线段的夹角相等，能保持无限小图形的相似，但面积变化很大。要求角度正确的投影常采用此类投影。这类投影又叫正形投影。

第二，等积投影。等积投影是一种保持面积大小不变的投影，这种投影使梯形的经纬线网变成正方形、矩形、四边形等形状，虽然角度和形状变形较大，但都保持投影面积与实地相等。在该类型投影上便于进行面积的比较和量算。因此，自然地图和经济地图常用此类投影。

第三，任意投影。任意投影是指长度、面积和角度都存在变形的投影，但角度变形小于等积投影，面积变形小于等角投影。要求面积、角度变形都较小的地图，常采用任意投影。

（2）依据承影面不同分类。按承影面不同，地图投影分为以下类别：

第一，圆柱投影。它是以圆柱作为投影面，将经纬线投影到圆柱面上，然后将圆柱面切开展成平面。根据圆柱轴与地轴的位置关系，可分为正轴、横轴和斜轴三种不同的圆柱投影，圆柱面与地球椭球体面可以相切，也可以相割。其中，广泛使用的是正轴、横切或割圆柱投影。正轴圆柱投影中，经线表现为等间隔的平行直线（与经差相应），纬线为垂直于经线的另一组平行直线。

第二，方位投影。它是以平面作为承影面进行地图投影。承影面（平面）可以与地球相切或相割，将经纬线网投影到平面上而成（多使用切平面的方法）。同时，根据承影面与椭球体间位置关系的不同，又有正轴方位投影（切点在北极或南极）、横轴方位投影（切点在赤道）和斜轴方位投影（切点在赤道和两极之间的任意一点上）之分。

第三，圆锥投影。它以圆锥面作为投影面，将圆锥面与地球相切或相割，将其经纬线投影到圆锥面上，然后把圆锥面展开成平面而成。这时圆锥面又有正位、横位及斜位几种不同位置的区别，制图中广泛采用正轴圆锥投影。

在正轴圆锥投影中，纬线为同心圆圆弧，经线为相交于一点的直线束，经线间的夹角与经差成正比。

在正轴切圆锥投影中，切线无变形，相切的那一条纬线，叫标准纬线，或叫单标准纬线；在割圆锥投影中，割线无变形，两条相割的纬线叫双标准纬线。

上述三种方位投影，都又有等角与等积等几种投影性质之分。其中正轴方位投影的经线表现为自圆心辐射的直线，其交角即经差，纬线表现为一组同心圆。此外，尚有多方位、多圆锥、多圆柱投影和伪方位、伪圆锥、伪圆柱等许多类型的投影。

（二）投影变换

地理信息系统的数据大多来自各种类型的地图资料。这些不同的地图资料根据成图的目的与需要的不同采用不同的地图投影。为保证同一地理信息系统内（甚至不同地理信息系统之间）的信息数据能够实现交换、配准和共享，在不同地图投影地图的数据输入计算机时，首先必须将它们进行投影变换，用共同的地理坐标系统和直角坐标系统作为参照来记录存储各种信息要素的地理位置和属性。因此，地图投影变换对于数据输入和数据可视化都具有重要意义，否则投影参数不准确定义所带来的地图记录误差会使以后所有基于地理位置的分析、处理与应用都没有意义。

地图投影的方式有多种类型，它们都有不同的应用目的。当系统使用的数据取自不同地图投影的图幅时，需要将一种投影的数字化数据转换为所需的投影的坐标数据。在地图数字化完毕后，经常需要进行坐标变换，得到经纬度参照系下的地图。对各种投影进行坐标变换的原因主要是输入时地图是一种投影，而输出的地图产物是另外一种投影。进行投影坐标变换有两种方式：一种是利用多项式拟合，类似于图像几何纠正；另一种是直接应用投影变换公式进行变换。

1.投影转换的基本方法

投影转换[①]的方法可以采用正解变换、反解变换和数值变换。

（1）正解变换。通过建立一种投影变换为另一种投影的严密或近似的解析关系式，直接由一种投影的数字化坐标 x，y 以变换到另一种投影的直角坐标 X，Y。

（2）反解变换。即由一种投影的坐标反解出地理坐标（x，$y \to B$，L），然后将地理坐标代入另一种投影的坐标公式中（B，$L \to X$，Y），从而实现由一种投影的坐标到另一种投影坐标的变换（x，$y \to X$，Y）。

（3）数值变换。根据两种投影在变换区内的若干同名数字化点，采用插值法，或有

---

① 投影转换是将一种地图投影点的坐标变换为另一种地图投影点的坐标的过程。

限差分法，或有限元法，或待定系数法等，从而实现由一种投影的坐标到另一种投影坐标的变换。

2. 投影转换的主要配置

地理信息系统中地图投影配置的一般原则如下。

（1）所配置的地图投影应与相应比例尺的国家基本图（基本比例尺地形图、基本省区图或国家大地图集）投影系统一致。

（2）系统一般只采用两种投影系统，一种服务于大比例尺的数据输入和输出，另一种服务于中小比例尺。

（3）所用投影应能与格网坐标系统相适应，即所用的格网系统在投影带中应保持完整。

第五章 地理信息系统的开发与评价

第一节 地理信息系统的开发方法与过程

一、地理信息系统的开发方法

（一）演示和讨论方法

演示和讨论方法（DADM）要求在软件开发过程的各个阶段，在所有相关人员之间进行有效的沟通与交流。这种交流是建立在直观演示的基础上的，演示内容主要包括直观的图表工具和输入、输出界面等。DADM 方法论的特点如下。

第一，强调采用演示和讨论方式进行广泛、有效的沟通与交流。

第二，具有较好的可预见性。因为开发人员在最终正式编码之前，要根据改进方案制作典型输入、输出界面，并给用户演示，共同讨论使用习惯，修改需求。这样用户就参与了新系统的设计。

第三，实施过程是启发式的。在实施过程中的"启发"是"互动"的，这样，可以有效地避免系统在功能、易用性等方面的重大缺陷。

第四，实施具有可操作性。DADM 方法论是按阶段进行的，只是系统需求报告不是生硬地让用户签字承认后才确定的，而是在启发式的有效沟通和交流的基础上，由用户、开发人员、管理专家及电脑技术专家等相关人员共同确定的。

第五，具有一定的开放性。开放性主要体现在以下三个方面：①对于代码的实现方式没有限定，不管用生成器生成系统代码，还是用手工编码，都可以采用 DADM 方法；②对于具体编程工具没有完全限定；③对于演示的具体内容也没有限制。

第六，有利于在整个开发过程中进行全面质量管理。全面质量管理（TQM）强调在软件开发的全过程中进行质量控制，从而获取高质量的需求分析报告。

DADM 方法论可以有效地获得用户的需求，并对原系统进行有效的改进，也可以科学地确定系统设计方案。即使在编程阶段，通过有效的沟通与交流，也可以在各个开发人员之间建立共同遵守的约定或规范，避免各自为政，这样可以有效保证地理信息系统（GIS）

应用软件的质量。

（二）结构化生命周期法

结构化生命周期法又称"瀑布法"，就是利用系统工程分析的有关概念，采用自上而下划分模块，逐步求精的基本方法。

1. 结构化生命周期法的基本思想

（1）在整个开发阶段，先树立系统的总体观点。从总体出发，考虑全局的问题，按照自上而下的顺序，一层一层地研制。

（2）开发全过程是一个连续有序、循环往复不断提高的过程。每一个循环就是一个生命周期。要严格划分工作阶段，保证阶段任务的顺利完成。只有前一阶段的工作完成之后，才能开始下一阶段的工作。

（3）用结构化的方法构筑地理信息系统的逻辑模型和物理模型。

（4）充分预料可能发生的变化。

（5）树立面向用户的观念。

（6）采用直观的工具刻画系统。

（7）每一阶段的工作成果要成文。

2. 结构化生命周期法的优缺点

（1）结构化生命周期法的优点是有明确的标准化图表和文字说明组成的文档，便于全过程各阶段的管理和控制。

（2）结构化生命周期法的缺点是用户对即将建立的新系统没有直观的预见性。

（三）面向对象的软件开发方法

面向对象建模技术采用对象模型、动态模型和功能模型来描述一个系统。对象模型描述的是系统的对象结构，它用含有对象类的对象图（一种实体—关系模型的扩充）来表示；动态模型描述与时间和操作有关的系统属性，它用状态图来表示；功能模型描述的是与值变化有关的系统属性，其描述工具是数据流程图。用这种方法进行系统的分析与设计所建立的系统模型在后期用面向对象的开发工具实现时，能够很自然地进行转换。

二、地理信息系统的开发过程

（一）地理信息系统设计的要求与基本思想

GIS 的开发设计不仅有既定的目标，而且具有阶段性。GIS 的开发研究分为四个阶段：

系统分析、系统设计、系统实施、系统维护与评价。系统分析是系统设计的依据；而系统设计又为系统实施奠定了基础；系统评价则是对所设计的 GIS 进行评定，包括技术和经济两方面。

地理信息系统设计要满足以下三个基本要求：①加强系统实用性；②降低系统开发和应用的成本；③提高系统的生命周期。系统设计要根据设计原理，采用结构化的分析方法，结构化就是有组织、有计划、有规律的一种安排。结构化系统分析方法就是把一般系统工程分析法和有关结构概念应用于地理信息系统的设计，采用自上而下划分模块，逐步求精的系统分析方法。

地理信息系统设计的基本思想包括：①系统的观点，先要从总体出发，考虑全局的问题，然后再自上而下、一层一层地完成系统的研制，这是结构化思想的核心；②调研的原则；③结构化的方法；④面向用户的观点。

（二）地理信息系统设计的具体步骤

地理信息系统的设计，需要进行大量仔细的调查工作和准备工作，其中包括了解和掌握有关部门已做了些什么、有什么文献可供参考等。在获取大量可供使用的资料并明确系统目标的基础上，从系统观点出发，对地理事物进行分析和综合，然后才是系统的设计。具体步骤如下。

1. 系统分析

地理信息系统分析就是要解决"做什么"的问题，它的核心是对地理信息系统进行逻辑分析，包括需求分析、可行性分析和系统分析。

（1）需求分析。对用户及相应的用户群的要求和对用户及其群体的情况进行调查分析。用户需求调查的好坏在很大程度上决定了一个地理信息系统的成败。要集中力量，多次进行，调查层面广泛，全面调查，并留下文字资料，作为开发工作的重要档案。需求分析的内容主要包括：①调查用户的性质、规模、结构、职责；②调查传统的处理方法；③调查要求新系统产生的结果和可获得资料、数据的程度；④调查用户对应用界面和程序接口的要求；⑤调查潜在用户和地理信息系统的潜力。

（2）可行性分析。对建立系统的必要性和实现目标的可能性，从社会、技术、经济三个方面进行分析，以确定用户实力，系统环境、资料、数据、数据流量、硬件能力、软件系统、经费预算，以及时间分析和效益分析。可行性分析的内容主要包括：①新系统的社会、经济效益分析；②该任务的人员、质和量方面是否足以完成该任务；③技术上的关键问题及难点是否都能予以适当解决以及解决计划；④资料和数据的总量，可获取的资料、数据清单；⑤软件系统和开发能力能否切实并留有余地地完成该系统的各项要求；⑥拥有硬件的能力能否充分保证系统的各项指标；⑦提供的经费是否能略有余地地保证任务完成及新系统产生效益估计；⑧任务的时间计划表是否合理并有适度余量。

（3）系统分析。在用户需求调查分析、可行性分析的基础上，深入分析，明确新建系统的目标，建立新建系统逻辑模型。逻辑模型指的是对具体模型的地理信息上的抽象，即去掉一些具体的非本质的东西，保留突出本质的东西及其联系。系统分析的内容主要包括：①分析传统的工作流程，导出逻辑模型；②把用户需求分析的集中描述，概括为系统明确目标；③分析描绘新系统流程，列出逻辑模型；④系统分析工作还要写出系统分析报告，作为系统设计的依据，内容同样包括需求分析、可行性分析、业务调查、系统逻辑模型（系统业务流程、数据流程、数据内容形式、处理功能和性能要求）等。

2. 系统设计

地理信息系统设计就是将分析阶段提出的逻辑模型转化为物理模型，设计的内容随系统的目标、数据的性质和系统环境的不同而有很大的差异。一般而言，应根据系统研制的目标，确定系统必须具备的空间操作功能，将数据分类和编码，完成空间数据的存储和管理，最后是系统的建模和产品的输出。因而，系统设计阶段的工作如下：

（1）系统总体设计。总体设计又称功能设计或概念设计。它的主要任务包括：①系统目的、目标及属性确定；②根据系统研制的目标来规划系统的规模和确定系统的组成与功能；③模块或系统的相互关系描述及接口设计规定；④硬、软件配置的环境设计；⑤数据源评估、数据库方案及建库方法；⑥人才培训；⑦系统建立计划和经费预算；⑧成本及收益分析。

（2）系统详细设计。详细设计是在总体设计的基础上进一步细化、具体化、物理化，主要内容包括：①模块设计；②数据分级分类及编码设计；③数据库设计，包括数据获取方案设计、数据存储设计及数据检索设计；④输入、输出方式及界面设计；⑤安全性设计；⑥实施的计划方案。

通过总体设计和详细设计，可将任务分解，根据任务、财力支持和人力状况进行任务实施的安排，确定每项任务的实施人员、可利用的资源和完成时间。系统设计是地理信息系统整个研制工作的核心，不仅要完成逻辑模型所规定的任务，而且要对所设计的系统进行优化。

3. 系统实施

地理信息系统实施是指根据系统设计将物理模型转化为实际系统，其工作包括硬件配置、软件编制、数据准备、人员培训、系统组装、试运行和测试，最后交付使用。在系统实施过程中要进行组织，实施管理小组负责整个系统实施的进度和质量管理。

在以上工作完成后，对整个系统进行组装，把数据、程序都按系统设计组织起来。然后使用采集的数据对软件、硬件进行测试。测试工作一般按标准测试工作模式，进行较详细的测试。该模式的主要特点是硬件提供者要回答一系列问题，并用图件或数据证实该硬件、软件能完成用户提出的操作任务，或者直接在计算机上演示。

测试完成后，选择小块实验区对系统的各个部分、各个功能进行全面的试运行实验。实验阶段不仅进一步测试各部分的工作性能，同时还要测试各部分之间数据的传送性能、处理速度和精度，保证所建立的系统正常工作，且各部分运行状况良好。如果发现不正常状况，则应查清问题出现的原因，对系统的不足之处进行改进，直到满足用户要求为止，系统即可交付使用。

4. 系统维护

地理信息系统维护是指在GIS整个运行过程中，为了适应环境和其他因素的各种变化，保证系统正常工作而采取的一切活动，包括系统功能的改进和解决在系统运行期间发生的一切问题和错误。GIS规模大、功能复杂，对GIS进行维护是GIS建设中一个非常重要的内容，要在技术上、人力安排上和投资上给予足够的重视。GIS维护的内容主要包括以下方面。

（1）纠错。纠错性维护是在系统运行中发生异常或故障时进行的，往往是对在开发期间未能发现的遗留错误的纠正。任何一个大型的GIS系统在交付使用后，都可能发现潜藏的错误。

（2）完善和适应性维护。由软件功能扩充、性能提高、用户业务变化、硬件更换、操作系统升级、数据形式变换引起的对系统的修改维护。

（3）硬件设备的维护。硬件设备的维护包括机器设备的日常管理和维护工作。一旦机器发生故障，则要有专门人员进行修理。另外，随着业务发展的需要，还需要对硬件设备进行更新。

（4）数据更新。数据是GIS运行的"血液"，必须保证GIS中数据的现势性，进行数据的实时更新。

5. 系统评价

系统评价是指对一个GIS系统从系统性能和经济效益两方面进行评价。新系统的全面评价一般应在新系统稳定运行一段时间后再进行，以达到公正、客观的目的。系统评价的结果是写出评价报告和改进效益措施的实施。

（1）GIS评价的目的。GIS评价的目的主要包括：①确认开发的GIS系统是否达到了预期目标；②了解系统中各项资源的利用效率如何；③根据分析和评价结果，找出系统存在的问题，并提出改进的方法。

（2）系统评价指标。系统评价指标是客观评价的依据，一般分为性能指标和经济效益指标两大类。必须明确 GIS 与一般的信息系统是有差别的。GIS 一般是宏观的，它的对象是一个较大的地理区域，是以探索和研究这个宏观区域上地理现象的未知关系和规律为目的的。它一般不仅是已有生产方式的再组织和再生产，除了有信息系统的一般特性指标外，还有自己特有的专业特性，并且目前正在迅速发展，尚无统一的阐述。GIS 系统评价包含三个指标：一般系统的性能指标、专业性能指标、经济效益指标。

第一，一般系统的性能指标。一般系统的性能指标包括：① GIS 稳定性和平均无故障时间；② GIS 联机响应时间、处理速度和吞吐量；③ GIS 的利用率；④系统的操作灵活性、方便性、容错性；⑤安全性和保密性；⑥加工数据的准确性；⑦系统的可扩充性；⑧系统的可维护性。

第二，专业性能指标。专业性能指标主要包括：①数据的包容性；②空间分析的准确性及区域性；③可视化功能和性能。

第三，经济效益指标。系统的经济效益由两部分构成：①成本费用，指系统在开发、运行和维护时产生的各项费用支出；②系统效益，指系统投入运行后所产生的直接经济效益和间接经济效益。因此，系统的经济效益指标包括：①成本费用；②直接经济效益；③间接经济效益，主要表现为系统的科学价值、系统的政治和军事意义。

第二节　地理信息系统的产品输出

一、地理信息系统产品输出的形式

地理信息系统产品主要是指经过空间数据处理和空间分析产生的可以供各专业人员或决策人员使用的各种地图、图表、图像、数据报表或文字说明等，而输出的内容主要包括空间数据和属性数据两部分。

（一）输出设备

1.绘图机

绘图机是一种将经过处理和加工的信息以图解形式转换和绘制在介质上的图形输出

设备。目前的绘图机主要有以下几种平台式绘图机、滚筒式绘图机、喷墨绘图机和静电绘图机等。

2. 屏幕显示

由光栅或液晶的屏幕显示图形、图像，通常是比较廉价的。这种显示设备常用来做人机交互的输出设备，其优点是代价低、速度快、色彩鲜艳，而且可以动态刷新；缺点是非永久性输出，关机后无法保留，而且幅面小、精度低、比例不准确，不宜作为正式输出设备。

3. 打印输出

打印机是地理信息系统的主要输出硬拷贝设备，它能将地理信息系统的数据处理和分析结果以单色或彩色字符、汉字、表格、图形等作为硬拷贝记录印刷在纸上。目前的打印机种类主要有行式打印机、点阵打印机、喷墨打印机、激光打印机等，其中，激光打印机是一种既可用于打印又可用于绘图的设备，其绘图的基本特点是高品质、快速。

（二）输出形式

1. 图像

图像也是空间实体的一种模型，它不是采用符号化的方法，而是采用人的直观视觉变量（如灰度、颜色、模式）来表示各空间位置实体的质量特征。它一般将空间范围划分为规则的单元（如正方形），然后再根据几何规则确定图像平面的相应位置，用直观视觉变量表示该单元的特征。

2. 常规地图

常规地图（纸张地图）是地理信息系统产品的重要输出形式，主要是以线划、颜色、符号和注记等表示地形地物。根据地理信息系统表达的内容，常规地图可分为全要素地形图、各类专题图、遥感影像地图，以及统计图表、数据报表等。

（1）全要素地形图。全要素地形图的内容包括水系、地貌、植被、居民地、交通、境界、独立地物等。它们具有统一的大地控制、统一的地图投影和分幅编号、统一的比例尺系统（1:10 000，1:50 000，1:100 000，1:500 000，1:1 000 000 等）、统一的编制规范和图式符号，属于国家基本比例尺地形图，是编制各类专题地图的基础。

（2）各类专题图。专题图是突出表示一种或几种自然地物或社会经济现象的地图，它主要由地理基础和专题内容两部分组成。从专题图内容或要素的显示特征来看，一般包括空间分布、时间变异，以及数量、质量特征三个方面。专题图按照空间分布的点状、线状和面状分布，包括定点符号法、线状符号法、质别底色法、等值线法、定位图表法、范围法、统计图法、分区图表法和动线法等。

（3）遥感影像地图。随着遥感技术，特别是航天遥感技术的发展，遥感影像地图已成为地理信息系统产品的一种表达形式。遥感可以提供及时、准确、综合和大范围的各种资源与环境数据，已成为地理信息系统的重要数据源之一。同时，在将遥感图像进行纠正的基础上，按照一定的数学法则，运用特定的地图符号，结合表示地面特征的地图，可以将遥感图像编辑成遥感影像地图。遥感影像地图具有遥感图像和地形图的双重优点，既包含了遥感图像的丰富信息内容，又保证了地形图的整饰和几何精度。遥感影像地图按其内容又可分为普通影像地图和专题影像地图，前者表示包括等高线等地形内容要素，后者主要反映专题内容。

（4）统计图表与数据报表。在地理信息系统中，属性数据大约占数据量的80%，它们是以关系（表）的形式存在的，反映了地理对象的特征、性质等属性。属性数据的表示方法，可以采用前面所列的专题图的形式，还可以直接用统计图表和数据报表的形式加以直观表示。

3.数字产品

地理信息系统的完善和发展，改变了人们对传统地图的认识，以及地图的生产工艺，同时也出现了一种崭新的数字产品地图形式—数字地图。数字地图的核心是以数字形式来记录和存储地图。与常规地图相比，数字地图有以下优点。

（1）数字地图的存储介质是计算机磁盘、磁带等，与纸张相比，其信息存储量大、体积小、易携带。

（2）数字地图以计算机可以识别的数字代码系统反映各类地理特征，可以在计算机软件的支持下借助高分辨率的显示器实现地图的显示。

（3）数字地图方便进行地图的投影变换、比例尺变换、局部的放大/缩小，以及移动显示等操作。

（4）数字地图便于与遥感信息和地理信息系统相结合，实现地图的快速更新，同时也便于多层次信息的复合显示与分析。

随着数字图像处理系统、地理信息系统、制图系统，以及各种分析模拟系统和决策支持系统的广泛应用，数字产品成为广泛采用的一种产品形式，供信息做进一步的分析和输出，使得多种系统的功能得到综合。

二、地图语言、地图色彩与地图符号

（一）地图语言

"随着人们生活水平的提高，审美水平也在不断提高，人们越来越注重地图的视觉效果，因此，对于影响地图视觉效果的一大重要因素——地图语言的研究具有十分重要的意义。"[①]地图语言是由各种符号、色彩与文字构成，表示空间信息的一种图形视觉语言。地图语言有写与读两个功用，写就是制图者把制图对象用一定符号表示在地图上；读就是读图者通过对符号的识别，认识制图对象。地图语言同文字语言比较，最大的特点是形象直观，既可表示各事物和现象的空间位置与相互关系，反映其质量特征与数量差异，又能表示各事物和现象在空间和时间中的动态变化。

在地图语言中，最重要的是地图符号及其系统，称为图解语言。同文字语言相比，图解语言更形象直观，既可显示出制图对象的空间结构，又能表示在空间和时间中的变化。地图注记也是地图语言的组成部分，它借用自然语言和文字形式来加强地图语言的表现效果，完成空间信息的传递。它实质上也是符号，与地图符号配合使用，以弥补地图符号之不足。地图色彩是地图语言的一个重要内容，除了有充当地图符号的一个重要角色之外，还有装饰美化地图的功能。另外，地图上可能出现的影像和装饰图案，虽不属于地图符号的范畴，但也是地图语言中不可缺少的内容，其中，地图的影像是空间信息特征的空间框架，而装饰图案则多用于地图的图边装饰，以增加地图的美感，烘托地图的主题。

（二）地图色彩

色彩是地图语言的重要内容。运用色彩，可增强地图各要素分类、分级的概念，反映制图对象的质量与数量的多种变化；运用色彩与自然地物景色的象征性，可增强地图的感受力；运用色彩，还可简化地图符号的图形差别和减少符号的数量；运用色彩，又可使地图的内容相互重叠而区分为几个"层面"，提高了地图的表现力和科学性。色彩在地图上的运用，对现代地图来说具有举足轻重的意义。为了充分发挥色彩的表现力，使地图内容表达得更科学、外表形式更完美，就必须利用色彩的感觉。

1. 色彩的感觉

色彩能给人以不同的感觉，而其中有些感觉是趋于一致的，如颜色的冷与暖、兴奋与沉静、远与近等感觉。

（1）色彩的冷暖感。色彩的冷暖感是指人们对自然现象色彩的联想所产生的感觉。通常将色彩分为暖色、冷色和中性色。红、橙、黄等色是暖色；蓝、蓝绿、蓝紫色是冷色；黑、白、灰、金、银等色是中性色。色彩的冷暖感在地图上运用得很广泛，例如，在气候图上，降水、冰冻、冬季平均气温等现象常用蓝、绿、紫等冷色来表现；日照、夏季平均气温等常用红、橙等色来表现等。

（2）颜色的兴奋与沉静感。强暖色往往给人以兴奋的感觉，强冷色往往给人以沉静

---

① 曹钦 . 满足快速制图的地图语言的设计探讨 [J]. 数字通信世界，2019（09）：229.

的感觉，而介于两者之间的弱感色，色彩柔和，可让人久视不易疲劳，给人以宁静、平和之感。

（3）颜色的远近感。颜色的远近感是指人眼观察地图时，处于同一平面上的各种颜色给人以不同远近的感觉。例如，暖色似乎较近，有凸起之感觉，常称为前进色；冷色似有远离而凹下之感觉，常称为后退色。

在地图设计中，常利用颜色的远近感来区分内容的主次，将地图内容表现在几个层面上。通常，用浓艳的暖色将主要内容置于第一层面，而将次要内容用浅淡的冷色或灰色置于第二或第三层面。

2. 色彩的配合

通常，一幅地图由点、线、面三类符号相互配合而成。面状符号常具有背景之意义，宜使用饱和度较小的色彩；点状符号和线状符号则常使用饱和度大的色彩，使其构成较强烈的刺激，而易为人们所感知。在这个原则的基础上，再结合色相、亮度和饱和度的变化，表现各种对象的质、量和分布范围等。

色彩的配合形式很多，也很复杂。例如，有调和色的配合、对比色的配合等。调和色的配合主要是同种色的配合和类似色的配合，其特点是朴素雅致，容易获得协调的图面效果，常用于表示现象的数量差异；对比色的配合主要是原色的配合、补色的配合和差别较大的颜色的配合，其特点是给人的视觉刺激量大，能产生对比强烈的感觉，因此，常将其用于进行分类和表示质的区别。如果将这些对比强烈的颜色变淡和变暗，则可适当减少对比程度而增强其协调效果。

（三）地图符号

1. 地图符号的功能

地图符号是在地图上用以表示各种空间对象的图形记号，或者还包括与之配合使用的注记。地图符号对表达地图内容具有重要作用，它是地图区别于其他表示地理环境图像的一个重要特征。高质量的地图符号是丰富地图内容、增强地图的易读性和便于地图编绘的必要前提。使用地图符号不仅能反映制图对象的个体存在、类别及其数量和质量特征，而且通过它们的联系和组合，还能反映出制图对象的空间分布和结构，以及动态变化。

地图符号是一种专用的图解符号，它采用便于空间定位的形式来表示各种物体与现象的性质和相互关系。地图符号用于记录、转换和传递各种自然与社会现象的知识，在地图上形成客观实际的空间形象。因此，地图符号可以用来表示实际的和抽象的目标信息，具有客观的和思维的意义，并与被表示的对象有一定的关系。地图符号有两个基本功能：①

能指出目标种类及其数量和质量特征；②能确定对象的空间位置和现象的分布。

2. 地图符号的分类

随着科学的进步，过去的地图符号分类已经显得片面和不完备了。例如，以往常把地图符号局限于人们目视可见的景物，据其视点位置，将地图符号分为侧视符号和正视符号；根据符号的外形特征，将地图符号分为几何符号、线状符号、透视符号、象形符号、艺术符号等；依据符号所表示的对象，将地图符号分为水系符号、居民地符号、独立地物符号、道路符号、管线符号、垣栅符号、境界符号、地貌符号和土质与植被符号等；根据地图符号的大小与所表示的对象之间的比例关系，将地图符号分为依比例尺符号、不依比例尺符号和半依比例尺符号等。

根据约定性原理，采用演绎的方法，可将地图符号区分为点状符号、线状符号和面状符号。

（1）点状符号。当地图符号所指代的概念在抽象意义下可认为是定位于几何上的点时，称为点状符号。这时，符号的大小与地图比例尺无关，且具有定位和方向的特征，如控制点、居民点、独立地物、矿产地等符号。

（2）线状符号。当地图符号所指代的概念在抽象意义下可认为是定位于几何上的线时，称为线状符号。这时，符号沿着某个方向延伸，且宽度与地图比例尺可以没有关系，而长度与地图比例尺发生关系，如河流、渠道、岸线、道路、航线、等高线、等深线等符号。但应注意，有一些等值线符号（如人口密度线）尽管几何特征是呈线状的，但并不是线状符号。

（3）面状符号。当地图符号所指代的概念在抽象意义下可认为是定位于几何上的面时，称为面状符号。这时，符号所指代的范围与地图比例尺有关，且不论这种范围是明显的还是隐喻的，是精确的还是模糊的。用面状符号表示的有水域的范围、森林的范围、土地利用分类范围、各种区域范围、动植物和矿藏资源分布范围等。色彩用于面状符号，对于表示制图对象的面状分布有着极大的实用意义。地图上使用的象形图案与透视图案，往往称为艺术符号，这是一种感觉效果更好的符号，这是因为这两种图案与其所表达的实体在结构上具有相似性，这种相似性就决定了它们的关系是明喻的，无须约定或认为是一种特殊的自动约定形式。

3. 地图符号的设计

地图主要是通过图形符号来传递信息的。因此，地图符号的设计质量将直接影响地图信息的传递效果。设计地图符号，除优先考虑地图内容各要素分类、分级的要求外，还应着重顾及构成地图符号的六个图形变量，即形状、尺寸、方向、亮度、密度和色彩。其中，尤以图形的形状、尺寸和色彩最为重要，被传统的地图符号理论称为地图符号的三个基本要素。

（1）符号的形状。从图形角度出发，应使设计的符号图案化和系统化，并充分考虑制图工艺和屏幕可视化的技术要求。所谓符号图案化，就是要使设计的符号图形，或类似于物体本身的实际形态，或具有象征会意的作用，以便使读图者看到符号就能联想出被描绘的物体或现象。符号图案化的过程，是一个概括抽象和艺术美化的过程。在此过程中，要舍去复杂的物体图形中的细部，突出其重要特征，然后运用艺术的手法，设计出规则、美观的符号图形。图案化的符号图形应具有形象、简单、明显和便于准确定位等特点。设计地图符号图形，应顾及彼此之间的联系，并考虑符号图形与符号含义内在的、有机的联系。换言之，应使地图内容的分类与分级、主次和大小的变化也相应地反映为符号图形上的变化。

（2）符号的尺寸。设计符号尺寸时，必须注意它与地图用途、比例尺、制图区域特点和读图条件、屏幕分辨率大小等方面的联系。此外，设计符号的尺寸，要充分注意与分辨能力、绘图和复制技术能力相适应。在清楚显示符号结构的情况下，尺寸要尽量小。一般来讲，分辨率大，符号尺寸可大一些，结构可复杂些；反之，尺寸不能大，结构也应简单为好。

（3）符号的色彩。在地图符号设计上，使用色彩可以简化地图符号的图形差别、减少符号的数量，加强地图各要素分类分级的概念，有利于提高地图的表现力。在地图符号的色彩设计中，要注意以下原则：

第一，正确利用色彩的象征意义。在设计地图符号时，正确利用色彩的象征意义有利于加强地图的显示效果，丰富地图的内容。例如，在自然地理图上，可用绿色符号或衬底表示植被要素，以反映植被的自然色彩，以蓝色符号并辅以白色表示雪山地貌等。

第二，符合地图上的主题或主要要素的符号，应施以鲜明、饱和的色彩；对于基础和次要要素之符号，则宜用浅淡的色彩。通过色彩对比，起到突出主题或主要要素的作用。不同用途的地图符号，其色调亦应有所差别。

第三，顾及印刷和经济效果。地图上使用彩色符号虽能收到良好的效果，但并非色数越多越好。色数过多，不仅会使读者感到眼花缭乱，降低读图效果，而且还会提高地图的成本，延长成图时间和增大套印误差。为此，可在地图上运用网点、网线的疏密和粗细变化来调整色调，这样既可减少色数，又可使地图色彩丰富，收到省工、省时、节约成本和提高地图表现力的效果。一般来讲，应采用单纯的颜色，而不是用多种颜色来表现单个符号。

三、专题地图及其设计

在地理信息系统中，空间对象多以矢量数据格式进行存储、管理，这些对象不仅具有空间位置特征，而且具有非空间的属性。在表现这些对象时，除了要显示空间位置外，有时还需要以特定的方式显示某个或多个相关属性，生成专题地图。

专题地图又称特种地图，是着重表示一种或数种自然要素或社会经济现象的地图。专题地图的内容由两部分构成：①专题内容，是图上突出表示的自然或社会经济现象及其有关特征；②地理基础，用以标明专题要素空间位置与地理背景的普通地图内容，主要有经纬网、水系、境界、居民地等。

（一）专题地图的内容与表示

专题地图除了采用普通地图的某些表示方法外，本身还需要有专门反映各种要素性质、数量、空间分布和时间变化的表示方法，以便读者明确对专题内容要素的科学分析。专题地图按内容可分为三大类：自然地图、社会经济地图和其他专题地图。自然地图表示自然界各种现象的特征、地理分布及其相互关系，如地质图、水文图等；社会经济地图表示各种社会经济现象的特征、地理分布及其相互关系，如人口图、行政区划图等；其他专题地图是指不属于上述两类的专题地图，如航海图、航空图等。

在专题地图中，各种制图对象的基本形状是由点、线、面及其过渡形态组成的，并以此反映现象的分布特点、现象的变化时刻、质量和数量的特征及综合特征。因此，在选择表示方法时，既可以根据专题制图对象的分布方式进行选择，又可以按它们的分布特点进行选择。

1. 专题地图的主要内容

专题地图的种类很多，但大多是由地理基础和专题内容组成的。

（1）地理基础。地理基础即普通地图上的一部分内容要素，如经纬网、水系、居民点、交通线、地势等。地理基础作为编绘专题内容的骨架，表示专题内容的地理位置和说明专题内容与地理环境的关系。专题地图上表示哪些地理基础要素和详细程度如何，根据专题内容的不同而有所不同。

（2）专题内容。专题内容主要包括：①将普遍地图内容中一种或几种要素显示得比较完备和详细，而将其他要素放到次要地位或省略，如交通图等；②内容包括在普通地图上没有的和地面上看不见的或不能直接量测的专题要素，如人口密度图。

2. 专题地图的表示方法

专题地图有多种多样的表示方法，需要通过一定的手段来实现。选择合理的表示方法和表现手段，是提高科学内容表现能力的保证。地面上真正的点状事物很少，一般都占有一定的面积，只是大小不同。点状分布要素指那些占据的面积较小、不能按比例尺表示、要定位的事物。对于点状分布要素的质量特征和数量特征，可以用点状符号表示。在地面上呈线状或带状分布的事物很多，如交通线、河流及边界线等，可以用线状符号表示。

（1）定点符号法。定点符号法是以不同形态、颜色和大小的符号，表示呈点状分布的地理资源的分布、数量、质量特征的一种表示方法。这种符号在图上具有独立性，能准确定位，为不依图比例尺表示的符号，这种符号可用其大小反映数量特征，可用其形态和颜色相配合反映质量特征，可用虚线和实线相配合反映发展态势。通常以符号的大小表示数量的差别，形状和颜色表示质量的差别，而将符号绘在现象所在的位置上。定点符号法的优点是定位准确、表达简明；缺点是符号面积大，有时出现重叠，须移位表示。

（2）线状符号法。有许多物体或现象，如道路、河流及境界等，呈线状分布，地图上就用线状符号表示。线状符号既能反映线状地物的分布，又能反映线状地物的数量与质量。线状符号的定位线是单线的，在单线上；是双线的，在中线上。

（3）点值法。点值法是用点子的不同数量来反映地理资源分布不均匀的状况，而每一个点子本身大小相同，所代表的数量也相等。这种方法广泛用来表示人口、农作物及疾病等的分布。通过点子的数目多少来反映数量特征，用不同颜色或不同形状的点反映质量特征。影响点值法图画效果的主要因素是点子的大小、点值和点子的位置。点子的大小和点值是表示总体概念的关键因子，两者要合理选择。点子过大或点值过小，易产生点子重叠；反之，则会使图面反映不出疏密对比的情况。点值法有两种方法：①均匀布点法，即在一定的区划单位内均匀地布点；②定位布点法，即按照现象实际所在地布点。

（4）等值线法。等值线法是指将制图对象中数值相等的各点连接成的光滑曲线。地形图上的等高线就是一种典型的等值线，它是地面上高程相等的相邻点连接成的光滑曲线。等值线间隔的大小首先取决于现象的数值变化范围，变化范围越大，间隔也越大；反之亦然。如果根据等值线分层设色，颜色应由浅色逐渐加深，或由冷色逐渐过渡到暖色，这样可以提高地图的表现力。

（5）范围法。范围法主要用来反映具有一定面积、呈片状分布的物体和现象，如森林、煤田、湖泊、沼泽、油田、动物、经济作物和灾害性天气等。范围法分为精确范围法和概略范围法，精确范围法有明确的界线，可以在界线内着色或填绘晕纹或文字注记；概略范围法可用虚线、点线表示轮廓界线，或不绘轮廓界线，只以文字或单个符号表示现象分布的概略范围。

在地图上表示范围可以采用各种不同的方法：用一定图形的实线或虚线表示区域的范围；用不同颜色普染区域；在不同区域范围内给予不同晕线；在区域范围内均匀配置晕线符号，有时不绘出境界线；在区域范围内加注说明注记或采用填充符号。

（6）质底法。质底法就是把整个制图区按某一种指标或几种相关指标的组合，划分成不同区域或类型，然后以特定手段表示它们质的差异。由于质底法广泛应用各种颜色，所以有时称为底色法。制图时，先按现象的性质进行分类或分区，制成图例，在地图上绘出各分类界线，然后把同类现象或属于同一区划的现象绘成同一颜色或同一晕纹。这种方法可以用于表示地表面上的连续面状现象、大面积分布的现象或大量分布的现象。

质底法的优点是鲜明美观；缺点是不易表示各类现象的逐渐过渡，而且当分类很多时，图例比较复杂。范围法与质底法的区别在于，所表现的现象不布满整个编图区域，不一定有精确的范围界线。

（7）分级统计图法。分级统计图法按照各区划单位的统计资料，根据现象的密度、强度或发展水平划分等级，然后依据级别高低，在地图上按区划分别填绘深浅不同的颜色或疏密不同的晕线，以显示各区划单位间的差异。分级时，可采用等差的、等比的、逐渐增大的或任意的标准。分级统计图适于表示相对的数量指标。

（8）定位图表法。定位图表法是把某些地点的统计资料用图表的形式绘在地图的相应位置上，以表示该地某种专题要素的变化。定位图表法常应用于表示周期性发生的专题要素，如气候、水文、客流等季节性变化等。常用的图表有柱状图表、曲线图表等。

（9）运动线法。运动线法用来反映点、线、面状物体的移动。各种图中河流的表示就是一种简单的运动线法。它通常是用箭头等有向符号表示某种现象的移动方向、路线和数量特征等，一切移动的现象都能用运动线法表示。例如，天气预报中的风向符号、气流符号就能表示风和气流的大小与方向，又如人口迁移路线、洋流和货运路线等。箭头和箭体上部的方向应保持一致，箭头的两翼应保持对称。箭形的粗细或宽度表示洋流的速度强度或货运的数量；箭形的长短表示风向、洋流的稳定性；首尾衔接的箭形表示运动的路线。

（二）专题地图的总体设计

1. 设计图幅的基本轮廓

专题地图的总体设计比普通地图和国家基本地形图的设计复杂。编制一幅专题地图不仅需要学科专业与制图的紧密结合，而且要对图幅的用途和使用者的要求有深入的了解和掌握，在此基础上，才能设计图幅的基本轮廓。具体要了解的内容如下：

（1）图幅是专用还是多用。专题地图既能专用也可多用，而且越来越向多用方向发展，并相应地产生了一版地图多种式样的做法。

（2）分析已出版的类似专题地图在使用中的优缺点，吸收长处，改进不足，以便更好地满足地图使用者的需要。

（3）明确地图使用者的特殊要求，根据不同的读者对象、不同用途及不同使用场合等要求，考虑所编制的专题地图是做规划用，还是做参考用或教学用等，并予以满足。

在弄清上述图幅的用途与要求之后，就要明确总体设计的指导思想，拟定专题内容项目，突出重点，提出图幅总体设计的方案。

2. 明确制图区域范围

专题地图图幅的区域范围是根据用途和内容来确定的。范围选择是否合适，在很大程度上影响着图幅的使用效能，并与专题地图的数学基础有紧密的联系。与普通地图一样，根据图幅范围可分为以下形式。

（1）单幅。单幅是指一幅图的范围能完整地包括专题区域，通常叫截幅。专题区域放置在图幅的正中，它的形状确定了图幅的横放、竖放和长宽尺寸。要正确地处理专题区域与周围地区的关系。为了便于阅读和使用，专题地图一般以横放为主要式样；有些专题区域的形状是长的，而地图的方向习惯上又是上北下南，所以只好竖放。

（2）单幅图的内分幅。单幅图的内分幅是指一幅图超过一张全开纸尺寸，而分为若干印张。内分幅应按纸张规格，一般分幅不宜过于零碎，分幅面积大体相同。

（3）分幅。分幅是地形图普遍采用的一种形式。分幅图不受比例尺限制，分幅图的分幅线是根据区域大小采用矩形分幅和经纬线分幅的，分幅图原则上是不重叠的。

此外，图廓内专题区域以外的范围如何确定，在总体设计时也应明确下来，其方法包括：①突出专题区域线，区内、区外表示方法相同，只把专题区域边界线加粗，或加彩色晕边，以显示专题区域范围，同时也能与相邻区域紧密联系；②只表示专题区域范围，区域外空白，突出专题区域内容，区内要素与区外要素没有什么联系；③内外有别，即专题区域内用彩色，区域外用单色，且内容从简。这是专题地图普遍采用的方法。

3. 设计专题地图的数学基础

专题地图的数学基础包括地图投影、比例尺、坐标网、地图配置与定向、分幅编号和大地控制基础等，其中，地图投影和比例尺是最主要的。

（1）影响数学基础设计的因素

第一，专题地图的用途与要求。这是影响数学基础设计的主导因素，因为投影和比例尺都是根据图幅的用途和要求选择设计的。

第二，制图区域的地理位置、形状和大小。该要素是一个重要的因素，位置和形状往往影响投影和比例尺的选择。在设计时，对制图区域的形状和大小要详细研究，并同时设计几个方案，选择一个合理的方案。

第三，地图的幅面及形式。地图的幅面及形式都对数学基础设计有一定的影响，直接关系到使用效果。

（2）投影和比例尺的设计

第一，投影设计。在专题地图制图中，采用较多的是等积投影和等角投影，具体设计时采用何种投影，要视专题地图的用途和要求而定。

第二，比例尺设计。专题地图比例尺的设计应考虑图幅的用途和要求，根据制图区域的形状、大小，充分利用纸张的有效面积，并将比例尺数值凑为整数。在实际设计地图比例尺的工作中，往往还会出现一些特殊的问题，如不要图框或破图框、移图、斜放等。

（3）图面设计。专题地图不仅要有科学性，而且要有艺术性。图面设计包括图名、比例尺、图例、插图（或附图）、文字说明和图廓整饰等。

第一，图名。专题地图的图名要求简明，图幅的主题一般安放在图幅上方中央，字体要与图幅大小相称，以等线体或美术体为主。

第二，比例尺。比例尺有两种表示方法：①用文字（如一比四百万）或数字（如1∶4 000 000）表示；②用图解比例尺表示。图解比例尺间隔也有两种划分方法：①按单位长度划分，表明代表的实际长度；②按实地公里数划分，每格是按比例计算在图上的长度。比例尺一般放在图例的下方，也可放置在图廓外下方中央或图廓内上方图名下处。

第三，图例。图例符号是专题内容的表现形式，图例中符号的内容、尺寸和色彩应与图内一致，多半放在图的下方。

第四，附图。附图是指主图外加绘的图件，在专题地图中，它的作用主要是补充主图的不足。专题地图中的附图包括重点地区扩大图、内容补充图、主图位置示意图、图表等。附图放置的位置应灵活。

第五，文字说明。专题地图的文字说明和统计数字要求简单扼要，一般安排在图例中或图中空隙处。其他有关的附注也应包括在文字说明中。专题地图的总体设计一定要视制图区域形状、图面尺寸、图例和文字说明、附图及图名等多方面内容和因素具体灵活运用，使整个图面生动，可获得更多的信息。

四、地理信息可视化形式

可视化是指在人脑中形成对某物的图像，是一个心理处理过程，促使对事物的观察及建立概念等。地理信息可视化是指运用地图学、计算机图形学和图像处理技术，将地理信息输入、处理、查询、分析，以及预测的数据及结果等采用图形符号、图形、图像，并结合图表、文字、表格、视频等可视化形式显示并进行交互处理的理论、方法和技术。采用声音、触觉、嗅觉、味觉等多种媒体方式可以使空间信息的传递、接收更为形象、具体和逼真，但是暂时看来，有的对地理空间信息意义并不大，如嗅觉、味觉、触觉媒体渠道，声音、音频媒体方式也主要起辅助作用，因而有的学者把可听、可嗅、可味、可触也归入可视范畴。测绘学家的地形图测绘编制，地理学家、地质学家使用的图解，地图学家专题、综合制图等，都是用图形（地图）来表达对地理世界现象与规律的认识和理解，属于地理信息的可视化。

（一）地图可视化

地图是空间信息可视化的最主要形式，也是最古老的形式。在计算机上，将空间信息用图形和文本表示的方法，在计算机图形学出现的同时也就出现了。这是空间信息可视化的较为简单而常用的形式。多媒体技术的产生和发展，使空间信息可视化进入一个崭新的时期。可视化的形式也五彩缤纷，呈现多维化的局面，并正在发展。由于可视化具有交流与认知分析的两个特点，从而使信息表达交流模型与地理视觉认知决策模型构成了地图可视化的理论，而这两个模型将应用于计算机技术支持的虚拟地图、动态地图、交互地图，以及超地图的制作和应用等。

虚拟地图指计算机屏幕上产生的地图，或者利用双眼观看有一定重叠度的两幅相关的地图，从而在人脑中构建的三维立体图像。虚拟地图具有暂时性，实物地图具有静态永久性。虚拟地图和人的心智图像相互联系与作用的原理和过程同传统的实物地图是不一样的，需要建立新的理论和方法。

动态地图是由于地理数据存储于计算机内存中，可以动态地显示关于地理数据的不同角度的观察、不同方法（如不同颜色、符号等）的表达结果或者地理现象随时间演变的过程等。由于地图的动态性，地理现象的表达在时间维度上展开。所以，传统的关于纸质静态地图的符号制作、符号注记等制作理论和方法在动态时不再完全适用。

交互地图是人可以通过一定的途径，例如选择观察数据的角度、修改显示参数等来改变地图的显示行为，在这个过程中，屏幕地图（或双眼视觉立体地图）即为虚拟地图。

超地图是基于万维网且与地理信息相关的多媒体，可以让用户通过主题和空间进行多媒体数据的导航，这与超文本的概念相对应。超地图提出了万维网上如何组织空间数据并与其他超数据（如文本、图像、声音、动画等）相联系的问题。超地图对于地图的广泛传输与使用，即对公众生活、社会决策、科学研究等，产生了巨大的作用，具有重要意义。

（二）多媒体地理信息

为了综合、形象地表观空间地理信息，使文本、表格、声音、图像、图形、动画、音频、视频等各种形式的信息逻辑地联结并集成为一个整体概念，是空间信息可视化的重要形式。各种多媒体形式能够形象、真实地表示空间信息的某些特定方面，是全面表示空间信息的不可缺少的手段。

（三）虚拟现实

虚拟现实是指通过头盔式的三维立体显示器、数据手套、三维鼠标、数据衣、立体声耳机等，使人能完全沉浸于计算机生成创造的一种特殊三维图形环境，并且人可以操作控制三维图形环境，使人有身临其境之感，实现特殊的目的。多感知性（视觉、听觉、触觉、运动等）、沉浸感、交互性、自主感是虚拟现实技术的四个重要特征，其中，自主感是指虚拟环境中物体依据物理定律动作的程度，如物体从桌面落到地面等。

虚拟现实技术、计算机网络技术与地理信息相结合，可产生虚拟地理环境。虚拟地理环境是基于地学分析模型、地学工程等的虚拟现实，它是地学工作者根据观测实验、理论假设等建立起来的表达和描述地理系统的空间分布，以及过程现象的虚拟信息地理世界。一个关于地理系统的虚拟实验室，允许地学工作者按照个人的知识、假设和意愿去设计修改地学空间关系模型、地理分析模型、地学工程模型等，并直接观测交互后的结果，通过多次的循环反馈，最后获取地学规律。

虚拟地理环境的特点之一是地理工作者可以进入地学数据中，有身临其境之感；另一特点是具有网络性，从而为处于不同地理位置的地学专家开展同时性的合作研究、交流与讨论提供了可能。

虚拟地理环境与地学可视化有着紧密的关系。虚拟地理环境中关于从复杂地学数据、地理模型等映射成三维图形环境的理论和技术，需要空间可视化的支持；而地理可视化的交流传输与认知分析在具有沉浸投入感的虚拟地理环境中，则更易于实现。地理可视化将集成于虚拟的地理环境中。

第三节　地理信息系统的设计及评价

一、地理信息系统的设计

（一）地理信息系统设计的目标

"地理信息系统是一门集计算机科学、信息科学、现代地理学、测绘遥感学、环境科学、城市科学、空间科学和管理科学为一体的新兴学科。"[①]地理信息系统，按其功能和内容，可以分为工具型地理信息系统和应用型地理信息系统。这里的系统设计是指应用型地理信息系统的设计。所谓应用型地理信息系统，是指在工具型或基础型地理信息系统的基础上，经过二次开发，建成满足专门为用户解决一类或多类实际问题的地理信息系统。因此，应用型地理信息系统的主要特点是，具有特定的用户和应用目标，具有为满足用户专门需求而开发的地理空间实体数据库和应用模型，继承了工具型地理信息系统开发平台提供的大部分功能和软件，以及具有专门开发的用户应用界面等。

应用型地理信息系统，根据其应用层次的高低，又可分为空间事务处理系统（STPS）、空间管理信息系统（SMIS）和空间决策支持系统（SDSS）。STPS 的主要目标是通过应用 GIS 的数据库技术，实现由传统的事务处理向计算机处理的转换，在房产、地籍等部门有着广泛的应用；SMIS 的主要目标是实现空间信息管理的高效率、模型开发和空间数据的动态更新，其不但具有数据的查询和统计，还具有专业模型的分析应用等功能，它在城市规划、土地利用、道路交通管理、管网规划管理等领域具有广泛的应用；SDSS 主要用于解决半结构化和非结构化的决策问题，除了需要利用地理信息系统的数据库和空间分析技术外，模型库及其管理系统也是决策支持系统的核心，它在宏观决策、行业发展规划等领域具有广泛的应用需求。

建立这些应用型的地理信息系统，要求系统的功能能够满足需求，系统运行要稳定可靠，系统应用能达到高效益，能实现业务操作的手工模式向信息化模式的根本转变，从而提高管理和决策的高效率与科学化。

---

① 张翱．地理信息系统在无线网络规划中的研究与应用 [D]．北京：北京邮电大学，2011：5.

（二）地理信息系统设计的流程

系统分析阶段的需求功能分析、数据结构分析和数据流分析是系统设计的依据，系统分析阶段的工作是要解决"做什么"的问题，它的核心是对地理信息系统进行逻辑分析，解决需求功能的逻辑关系和数据支持系统的结构，以及数据与需求功能之间的关系。系统设计阶段的核心工作是要解决"怎么做"的问题，研究系统由逻辑设计向物理设计的过渡，为系统实施奠定了基础。

系统设计可分为地理信息系统设计方法、管理信息系统的设计方法和软件工程的设计方法，所有这些设计都要根据设计原理并采用结构化分析方法。其中，最有用的理论是模块理论及其有关的特性，如内聚性和连通性。所谓结构化，就是有组织、有计划和有规律的一种安排。这种结构化分析和设计的基本思想包括以下要点。

第一，在研制地理信息系统的各个阶段都要贯穿系统的观点。从总体出发，考虑全局的问题，在保证总体方案正确、解决接口问题的条件下，然后按照自上而下，一层一层地完成系统的研制，这是结构化思想的核心。

第二，地理信息系统设计的基本原则是进行调查研究，掌握必要的数据，否则就不可能进行系统分析。只有设计出合理的逻辑模型，才有可能很好地进行物理设计。事实上，地理信息系统的开发是一个连续有序、循环往复、不断提高的过程，每一个循环就是一个生命周期，要严格划分工作阶段，保证每个阶段的任务都能很好地完成。

第三，用结构化的方法构筑地理信息系统的逻辑模型。在系统的逻辑设计中，主要包括：①分析信息流程，绘制数据流程图；②根据数据的规范，编制数据字典；③根据概念结构的设计，确定数据文件的逻辑结构；④选择系统执行的结构化语言，以及采用控制结构作为地理信息系统的设计工具等。

第四，结构化分析和设计还包括系统结构上的变化和功能上的改变，以及面向用户的观点等。

1. 地理信息系统分析

系统分析的基本思想是从系统观点出发，通过对事物进行分析与综合，找出各种可行的方案，为系统设计提供依据。它的任务是对系统用户进行需求调查和可行性分析，最后提出新系统的目标和结构方案。系统分析是使设计达到合理、优化的重要步骤，其工作深入与否，直接影响到将来新系统的设计质量和实用性，因此必须予以高度重视。

用户需求调查即调查系统用户对开发的 GIS 系统的功能要求和信息需求情况。具体调查的内容如下。

（1）Who，即谁使用该系统，该系统的用户结构如何，哪些是直接用户，哪些是间接用户，哪些是最终用户，哪些是潜在用户，以及当前用户部门的组织机构、人员分工和职能情况，现有的业务流程和工作效率等。

（2）What，即新系统是做什么用的，它需要具备哪些功能，它应能解决和处理哪些类型的问题，因此需要具有哪些设备、资源、数据等。

（3）Why，即为什么需要具有这些功能和条件，具有这些功能以后，与常规的业务流程有哪些不同点和优越性，对现行系统和建立的新系统从功能、效率、效益等方面做详细调查及对比研究等。

（4）Where，即建立新系统所需要的资源从哪里获取，特别是数据资源能否得到保障，以及解决系统硬件和软件的途径等。

（5）Quality，即具体的技术指标、性能要求和可靠性要求，如数据精度、运行速度、系统安全保障机制等，要认真听取用户的意见和要求。

用户调查一般采用访问、座谈等方法。在调查前，应拟定出需求调查提纲。在调查中，重点应弄清用户对所要开发系统的功能、数据内容、应用范围等方面的要求，并详细考察用户原来的业务范围、工作流程及部门之间的联系等。在调查后，须撰写用户需求调查报告，内容包括：①用户对系统的要求；②用户目前的业务范围、工作流程和存在的问题；③可用的数据源情况；④现有的技术力量、设备条件等。同时，要对这些需求进行可行性分析，着重从社会、技术和经济三大要素分析开发新系统的可行性，确定哪些需求可以实现，哪些需求需要调整和简化，哪些需求可作为近期目标或远期目标等。用户需求和可行性分析报告，是系统设计的重要依据，要用文字和图表详细阐述。用户需求和可行性分析报告经过审批，表示系统开发项目得到立项，才能转入系统设计阶段。

2. 地理信息系统设计

系统设计是新建 GIS 的物理设计过程，在需求分析规定的"做什么"的基础上解决系统"如何做"的问题，即按照对建设 GIS 的逻辑功能要求考虑具体的应用领域和实际条件，进行各种具体设计，确定 GIS 建设的实施方案。按照 GIS 规模的大小，可将设计任务划分为总体设计和详细设计两个阶段。

（1）总体设计。总体设计又称为逻辑设计，其任务是根据系统研制的目标来规划系统的规模和确定 GIS 系统各子系统或各模块的划分、各个组成部分（子系统或模块）之间的相互关系，以及确定系统的软硬件配置，规定系统采用的技术规范，并做出经费预算和时间安排，以保证系统总体目标的实现。最后撰写系统总体设计方案，作为重要的技术文件提供论证和审批。总体设计的主要内容如下。

第一，用户需求。阐明系统的用户构成、不同用户对系统的要求、系统应具备的功能等。

第二，系统目标。阐明该系统的应用目标，属于演示系统或运行系统、单机运行系统或分布式运行系统、事务处理系统或信息管理系统等。

第三，总体结构。根据系统功能的聚散程度和耦合程度，将系统划分为若干子系统或功能模块，构成系统总体结构图。

第四，系统配置。这是指系统运行的设备环境，包括计算机、存储设备、输入和输出设备及网络等，并说明其型号、数量和内存等性能指标，画出硬件设备配置图。软件包括计算机系统软件、网络管理软件、地理信息系统基础软件、数据库管理系统软件、应用软件等，并说明其版本、数量和性能等特点。

系统配置应遵循技术上稳定可靠、投资少、见效快、立足现在和顾及发展的原则。技术上稳定可靠是指采用国内外经过实践检验证明其为成熟的硬件和软件，同时以满足本系统的技术和性能指标为准则，不单纯追求最高档设备与昂贵的软件；投资少、见效快，即根据经济实力和技术力量，选择合适的配置，能较快地收到实际效果；立足现在、顾及发展是指应以完成目前的要求为主，并顾及系统的可扩充性和将来的发展。由于系统的具体目标和服务范围不同，系统配置方案也有很大差异，如多用户的系统为实现资源共享、协同工作和并行处理，客户/服务器结构、分布式数据库和网络化等配置方案便是该类系统的基本要求。因此，系统配置方案的确定具有动态变化的特征。

第五，数据库设计。数据库是系统的核心组成部分，一个系统可以具备一个或多个数据库。按信息内容，可将数据库分为基础数据库和专题数据库；按数据类型，可将数据库分为空间数据库和属性数据库。数据库设计要确定空间数据与属性数据的管理模式，集中式或分布式的建库方案，采用的数据结构类型和数据库管理系统以及数据分类等。

第六，系统功能。由于应用型地理信息系统继承了开发平台所提供的大部分功能，因此其设计任务不在于解决基本功能，而在于解决用户所需的特定功能。

例如，以一个地下管线信息系统为例，其系统功能包括：①数据录入与查错，能够实时地将普查数据转换为满足地下管线信息系统要求的数据，以保障地下管线的综合管理与应用；②综合查询与统计，能够提供按图号、道路名、单位名查询任意范围的管线，并统计计算各类管线的长度、面积、体积等；③网络分析和诊断，在分析各类地下管线发生事故或故障（如漏水、漏气等）时，分析受影响区域的范围、涉及哪些阀门需要关闭和维修等；④断面生成与分析，断面分析是道路与管线工程规划设计、管理的基础，也是地下管线工程综合的主要依据，断面分析分为纵断面与横断面两种，系统应能生成和分析任意位置和方向的横断面，以及生成和分析连续管线的纵断面；⑤管线工程辅助设计，以国家有关管线工程的最小覆土深度、管线最小水平净距、管线交叉时的最小垂直净距等规范为准则，在地形图库、现状管线库、规划管线库、规划道路红线库等地图数据库的基础上，通过计算机及系统实现对设计信息的处理，完成管线设计计算、分析、绘图及方案的比较，从技术上避免规划管线与现状管线的矛盾和重复设计。

因此，应用型地理信息系统的功能不同于开发平台的基本功能，具有自己的特殊性。但是，应用系统的这些特殊功能主要应该依靠基础 GIS 提供的基本功能来开发和实现。

第七，经费和管理。由于系统开发是一项复杂的系统工程，为保证系统开发工作的顺利进行，必须拟订好系统开发计划、系统管理措施、投资经费概算，以及最后应提交的成果等。

（2）详细设计。详细设计又称为实际设计，其任务是根据总体设计方案确定的目标和阶段开发计划，紧密结合特定的硬件、基础软件和规范标准，进行子系统和数据库的详细设计，用于具体指导系统的开发。详细设计的主要内容如下。

第一，子系统设计。子系统设计以对用户需求的进一步详细调查为依据，分别完成各个子系统的逻辑结构设计、数据库设计、功能模块设计、用户界面设计等。每个子系统设计的内容大体类似于总体设计的内容，但应更加详细和具体，作为各个子系统实施的指导性文件。

第二，数据库设计。数据库设计的主要内容包括：①数据源的分析与选择；②数据分类与分层的确定；③数据获取方案的规定；④数据编码设计；⑤实体属性表与属性关系的设计；⑥属性数据类型的建立；⑦数据质量标准的规定；⑧地理定位控制的确定及其他有关问题的规定等。

第三，功能模块设计。详细描述各功能模块的内容，实现的技术和算法、输入输出的数据项和格式等的设计。

第四，用户界面设计。用户界面是人机对话的工具，它与功能模块一一对应，要做到各模块之间界面的形式一致，相同功能要用相同的图标显示。界面可以分为若干层，便于逐层调用。根据功能模块的不同，可以分别采用菜单式、命令式或表格式的界面。所有界面应体现以人为本的原则，做到界面友好、美观，并随时提供丰富的帮助信息，使用户易懂、易学、易掌握。

3.地理信息系统实施

系统实施是在系统设计的原则的指导下，按照详细设计方案确定的目标、内容和方法，分阶段、分步骤完成系统开发的过程。系统实施的内容包括以下方面。

（1）系统软、硬件的引进及调试。

（2）系统数据库的建立。实施内容包括数据源的选择、数据源的现势更新和处理、数据格式的定义和转换、数据采集方法的确定、数据编辑处理、数据质量控制、建立数据库实体等。

（3）应用管理系统的开发。应用管理系统的开发是指在地理信息系统基础软件的基础上进行二次开发，建立应用管理系统。内容包括利用基础软件提供的开发语言进行编程，以各种菜单形式建立用户应用界面、应用模块的开发，建立图形符号库，编写用户操作手册等。

（4）系统测试和联调。对系统开发完成的每一个模块，均应进行测试。将模块组装成系统时，也应进行联调和测试。系统测试是指利用人工或自动的方法测试和评价各个模块，验证模块是否满足规定的要求，检查设计指标与实际结果是否一致，做到及时发现问题，及时改正，直至符合设计要求，并编写系统测试报告。

（5）系统验收和鉴定。系统验收的内容包括文档、软件、数据库等。对于文档，要详细说明系统的文档资料是否齐全和规范及其质量情况等；对于软件，要详细说明系统的软件功能和性能是否达到计划任务书、合同或设计的要求，软件运行是否稳定可靠，是否满足用户的需求等；对于数据库，要详细说明数据库的内容是否完整、数据的安全性和现势性，以及数据的标准化和质量情况等。在通过验收的基础上，对系统开发的技术水平、质量和特点做出恰如其分的技术鉴定。

4.地理信息系统的运行和维护

系统运行是指系统经过调试和验收以后，交付用户使用。为了保证系统正常运行，必须认真制定并严格遵守操作规则。系统维护是为保证系统正常工作而采取的一切措施和实际步骤，例如数据的维护，使系统数据始终处于相对最新的状态；软件的维护，使软件能适应运行环境和用户需求的不断变化；硬件的维护，使硬件能经常保持完好和正常运行的状态等。

二、地理信息系统的标准化

（一）地理信息系统标准化的作用

地理信息系统标准化的直接作用是保障地理信息系统技术及其应用向规范化发展，指导地理信息系统相关的实践活动，拓展地理信息系统的应用领域，从而实现地理信息系统的社会及经济价值。地理信息系统的标准体系是地理信息系统技术走向实用化和社会化的保证，对于促进地理信息共享、实现社会信息化具有巨大的推动作用。地理信息的标准化，将从以下方面影响地理信息系统的发展及应用：

1. 促进地理信息共享

地理信息的共享是指地理信息的社会化应用，就是地理信息开发部门、地理信息用户和地理信息经销部门之间以一种规范化、稳定、合理的关系，共同使用地理信息及相关服务的机制。

地理信息共享深受信息相关技术的发展（包括遥感技术、GPS 技术、地理信息系统技术、网络技术等）、相关的标准化研究及其所制定的各种法规保障制度的制约。现代地理信息共享以数字化形式为主，并已步入了模拟产品、数据产品和网络传输等多种方式并存的数字化时代。因此，数据共享几乎成为信息共享的代名词。在数据共享方式上，将以分布式的网络传输方式为主。例如，我国有关部门提出以两点一线、树状网络、平行四边形网络、扇状平行四边形网络四种设计方案作为地理信息数据共享的网络基础。

从信息共享的内容上来看，地理信息的共享并不只是空间数据之间的共享，它还是其他社会、经济信息的空间框架和载体，是国家以及全球信息资源中的重要组成部分。因此，除了空间数据之间的互操作性和无误差的传输性之外，空间数据与非空间数据的集成也是地理信息共享的重要内容。空间数据与非空间数据的集成具有更大的社会意义，因为它为某些社会、经济信息的利用提供了一种新的方法。

地理信息共享有三个基本要求：①正确地向用户提供信息；②用户无歧义、无错误地接收并正确使用信息；③保障数据供需双方的权利不受侵害。在这三个要求中，数据共享技术的作用是最基本的，将在保障信息共享的安全性（包括语义正确性、版权保护及数据库安全性等方面）和方便灵活地使用数据方面发挥重要作用。数据共享技术涉及以下方面。

（1）面向地理系统过程语义的数据共享的概念模型。在地理信息系统技术发展过程中，由于制图模型对地理信息系统技术的深刻影响，关于现实地理系统的概念模型大多集中于对地理系统空间属性的描述。例如，对地理实体的分类，以其几何特性点、线、面等为标志，由于这一局限，地理信息系统只能描述一种地理关系——空间关系，这种以几何目标为主要模拟对象的模拟方法不但存在于传统的关系型地理信息系统中，而且也存在于各种面向对象的地理信息系统模型研究中。以几何目标特性为主，模拟地理系统的思想几乎成为一种标准，而基于地理系统过程思想的概念模型则很少出现。

实际的数据共享是一种在语义层次上的数据共享，最基本的要求是供求双方对同一数据集具有相同的认识，只有基于同一种对现实世界地理过程的语义抽象才能保证这一点。因此在数据共享过程中，应有一种对地理环境的模型作为不同部门之间数据共享应用的基础。面向地理系统过程语义的数据共享的概念模型包括一系列的约定法则，主要包括：①地理实体几何属性的标准定义和表达；②地理属性数据的标准定义和表达；③元数据定义和表达等。这种模型中的内容和描述方法有别于面向地理信息系统软件设计或地理信息系统数据库建立的面向计算机操作的概念建模方法。为了数据共享的无歧义性及用户正确地使用数据，面向数据共享的概念模型必须遵循 ISO 为概念模型设计所规定的"100%原则"，即对问题域的结构和动态描述达到 100%的准确。

（2）地理数据的技术标准。地理数据的技术标准为地理数据集的处理提供空间坐标系、空间关系表达等标准，它从技术上消除数据产品之间在数据存储与处理方法上的不一致性，使数据生产者和用户之间的数据流畅通顺。

地理数据技术标准的一项重要工作是利用标准的界面技术完整地表达数据集语义的标准数据界面。随着对数据共享的进一步认识，科学家们越来越重视对地理信息系统人机界面的标准化。在有关用户界面的标准化的讨论中，两个观点占了主流：①采用现有 IT 标准界面，这是计算机专家们的观点；②以能表达数据集的语义作为用户界面标准的标准。经过多年的讨论及实践，已逐渐形成两种策略，它们是建立标准的数据字典和建立标准的特征登记，这两种策略的理论基础都是基于对现实世界的概念性模拟及概念模式规范化的建立。

在数据库领域，"数据字典"的初始含义是关于数据某一抽象层次上的逻辑单元的定义。应用于地理信息系统领域后，其含义有了变化，它不再是对数据单元简单的定义，而且还包括对值域及地理实体属性的表达，它已走出元数据的范畴，而成为数据库实体的组成部分之一。建立一个标准数据字典，实际上也就是建立相应地理信息系统数据库的一种外模式，可以方便地对数据库进行查询、检索及更新服务。特征登记是一种表达标准数据语义界面的方法，产生于面向地理特征的信息系统设计思想。

（3）数据安全技术。数据使用过程中，为了保证数据的安全，必须采用一定的技术手段，在网络数据传输状况下更是如此。从技术上解决数据安全问题，主要考虑在数据使用和更新时要保持数据的完整性约束条件保护数据库免受非授权的泄露、更改或破坏。在网络时代，还要注意网络安全、防止计算机病毒等。

（4）数据互操作性。从技术的角度看，数据共享强调数据的互操作性。数据的互操作性体现在两个方面：①在不同地理信息系统数据库管理系统之间数据的自由传输；②不同的用户可以自由操作使用同一数据集，并且保证不会导致错误的结论。数据的互操作性在数据共享的所有环节中是最重要的，技术要求也是最高的。

2. 促进空间数据的使用及交换

地理信息系统直接处理的对象就是反映地理信息的空间数据。空间数据的生成及其操作非常复杂，这是造成在地理信息系统研究及其应用实践中遇到的许多具有共性的问题的重要原因。进行地理信息系统标准化研究最直接的原因就是为了解决在地理信息系统研究及其应用中遇到的这些问题。

（1）数据质量。对数据质量的影响来自两个方面：①由于生产部门数字化作业人员水平参差不齐，各种航摄及解析仪器、各种数字化设备的精度不同，导致最终对地理信息系统数据的精度进行控制的难度；②对地理属性特征的识别质量。由于没有经过严格校正的属性数据存在误差，从而导致人们使用错误的数据。

（2）数据库设计。在地理信息系统实践中，数据库设计是一个至关重要的方面，它直接关系到数据库应用的方便性和数据共享。一般来说，数据库设计包括三方面的内容：数据模型设计、数据库结构和功能设计、数据建库的工艺流程设计。

（3）数据档案。对数据档案的整理及其规范化，其中代表性的工作就是对地理信息系统元数据的研究及其标准的制定工作。明确的元数据定义，以及对元数据的方便访问，是安全地使用和交换数据的最基本要求。因此，除了空间信息和属性信息以外，元数据信息也是地理信息的重要组成部分。

（4）数据格式。在地理信息系统发展初期，地理信息系统的数据格式被当成一种商业秘密，因此对地理信息系统数据的交换使用几乎是不可能的。为了解决这一问题，通用数据交换格式的概念被提了出来。并且，有关空间数据交换标准的研究发展很快。在地理信息系统软件开发中，输入功能及输出功能的实现必须满足多种标准的数据模式。

（5）数据的可视化。空间数据的可视化表达是地理信息系统区别于一般商业化管理信息系统的重要标志。地图学在发展过程中，为数据的可视化表达提供了大量的技术储备。在地理信息系统技术发展早期，空间数据的显示基本上直接采用了传统地图的方法及其标准。但是，由于地理信息系统的面向空间分析功能的要求，空间数据的地理信息可视化表达与地图的表达方法具有很大的区别，传统的制图标准并不适合空间数据的可视化要求。解决地理信息可视化表达的一般策略是与标准的地图符号体系相类似，制定一套标准用于显示地理数据的符号系统。地理信息标准符号库不但应包括图形符号、文字符号，还应当包括图片符号、声音符号等。

（二）地理信息标准化的内容

在地理信息系统建设过程中，地理信息的标准化是一项十分重要的工作，关系到地理信息资源的开发、利用和共享。地理信息系统标准化的基本内容如下。

1. 名词术语内涵

由于地理信息系统涵盖的学科领域广泛，以及自身技术的不断发展变化，人们对许多名词术语在使用和理解上可能存在很大的差异，所以研究并筛选出与 GIS 关系密切的名词术语，如测绘基本术语、摄影测量与遥感术语、地图制图术语等，给出规范的释义和标名，不仅具有理论意义，而且具有实用价值，是地理信息标准化的一项基础工作。

2. 空间定位框架

统一的空间定位框架是为各种数据信息的输入、输出和匹配处理提供共同的地理坐标基础。这种坐标基础可以归化为地理坐标、网格坐标和投影坐标这三种坐标系统。当数据信息的来源不同时，必须将它们统一到这三种坐标形式之一的基础上来。

根据我国地理信息系统国家规范研究组的建议，我国地理信息系统所配置的投影应与国家基本图系列所采用的投影相一致，即 1:10 000 ～ 1:500 000 的比例尺图幅采用高斯－克吕格投影[①]为其输入、输出的基础；1:1 000 000 及更小比例尺的图幅采用等角圆锥投影。高斯－克吕格投影在每一幅图范围内可以看成无角度变形，在整个国土范围内的长度变形也不超过 0.14%，面积变形不超过 0.28%，精度可以满足使用的要求。

3. 数据采集原则

GIS 数据库涉及的数据种类多、数据量大，在数据采集时，应遵循统一的数据采集原则。例如，各级统计部门提供的数据为最基本数据，当其他部门提供的数据与它有矛盾时，以统计部门为准；统计部门未规定统计的指标，以各地最直接的业务部门提供的数据为准。通常只采集和存储基本的原始数据，不储存派生数据，要采集的是具有权威性、科学性、现势性的数据。在数据采集时，必须遵照已经颁布的规范标准，例如我国制定的1:500 ～ 1:2000 地形图航空摄影规范、1:5000 ～ 1:100 000 地形图航空摄影规范、全球定位系统（GPS）的测量规范等。

4. 数据质量内容

地理信息系统数据质量是指该数据对特定用途的分析、操作和应用的适宜程度。因此，数据质量的好坏是一个相对的概念，但它具有明确的内容。其具体含义如下：

（1）数据完整性。数据完整性指要素的完整性和属性的完整性，可用非定量的方法进行评定。

（2）数据一致性。数据一致性指逻辑的一致性和拓扑的一致性，可用非定量或定量的方法进行评定。

---

① 高斯－克吕格投影是由德国数学家、物理学家、天文学家高斯于 19 世纪 20 年代拟定，后经德国大地测量学家克吕格于 1912 年对投影公式加以补充，故称为高斯－克吕格投影，又名"等角横切椭圆柱投影"，是地球椭球面和平面间正形投影的一种。

（3）位置精度。位置精度包括绝对精度、相对精度、像元位置精度、形状的相似性等，其中，像元精度用分辨率表示，其他精度用非定量方法表示。

（4）时间精度。时间精度主要指数据的现势性，可用数据采集时间和数据更新的时间和频度来表示。

（5）属性精度。属性精度指连续值、有序值、标准值的精度等，包括要素分类与代码的正确性、要素属性值的正确性及名称的正确性，通常用非定量的方法表示。

5. 数据记录格式

数据记录格式是指地理信息系统的原始数据和输出数据在磁性介质内的记录方式。对不同来源（地图、遥感、社会统计等）和不同形式（点、线、面等）的数据，都必须按照标准的记录格式记录，以保证系统对各种数据信息或资源的接纳、处理和共享。

空间矢量数据交换文件由四部分组成：①文件头。它包括该文件的基本特征数据，如图幅范围、坐标维数、比例尺等。②地物类型参数及属性数据结构。地物类型参数包括地物类型代码、地物类型名称、几何类型、属性表名等，属性数据结构包括属性表定义、属性项个数、属性项名、字段描述等。③几何图形数据及注记。几何图形数据包括目标标识码、地物类型码、层名、坐标数据等，注记包括字体、颜色、字型、尺寸、间隔等。④属性数据。它包括属性表、属性项等。

影像数据的交换格式原则上采用国际工业标准无压缩的 TIFF 或 BMP 格式，但须将大地坐标及地面分辨率等信息添加到 TIFF 或 BMP 文件中。

格网数据交换文件由文件头和数据体组成。文件头包含该空间数据交换格式的版本号、坐标单位（米或经纬度）、左上角原点坐标、格网间距、行列数、格网值的类型等；数据体包含该格网的地物类型编码或高程值等。元数据文件应为纯文本文件，其记录格式包含元数据项和元数据值。

6. 数据组织结构

数据组织结构是地理实体的数据组织形式及其相互关系的抽象描述。描述地理实体的空间数据应包含空间位置、拓扑关系和属性三个方面的内容。例如，矢量数据结构的点状实体应表示统一序号的唯一标识码、实体类型的分类、实体位置的坐标以及与点相关联的有关属性等；线状实体应表示唯一标识码、线的类型码、起始节点、终止节点、空间位置坐标串，以及与线相联的有关属性等；面状实体应表示每个多边形的封闭边界或弧段、每个多边形的邻接关系或拓扑关系、岛的结构及有关属性等。对于影像栅格数据、地理名称数据、三角网数据、三维数据、属性数据等，都应建立相应的数据模型和结构标准，以便不同系统的数据兼容和不同软件的计算机处理及应用。

7. 数据分类标准

数据分类的目的是为了计算机存储、编码、检索等的需要。分类体系划分是否合理，直接影响着地理信息系统数据的组织、系统间数据的连接、传输和共享，以及地理信息系统产品的质量。因此，它是系统设计和数据库建立的一项极为重要的基础工作。

信息分类体系采用宏观的全国分类系统与详细的专业系统之间相递归的分类方案，即低一级的分类系统必须能归并和综合到高一级的分类系统之中。为此，先按照社会环境、自然环境、资源与能源三大类，作为第一层；再根据环境因素和资源类别的主要特征与基本差异，划分为十四个二级类，作为第二层；按每一个二级类包括的最主要内容，作为第三级类别；按照各个区域的地理特点和用户需求，拟定区域的分类系统和每一个专业类型的具体分类标准。

8. 数据编码系统

地理信息系统存储的空间要素具有时、空、属性的复杂特征，需要通过计算机能够识别的代码体系来提供数据信息的地理分类和特征描述，同时需要制定统一的编码标准，以实现地理要素的计算机输入、存储，以及系统间数据的交换和共享。对于地理信息及其属性的编码系统和标准尚在研究中，但是需要满足以下要求。

（1）凡国家已施行的编码规范和标准，均按国家规定的执行。

（2）科学编码系统的设计必须可靠地识别数据信息的分类，以较少的代码提供丰富的参考信息，根据代码结构能进行数据间关系的逻辑推理和判别。

（3）编码不宜过长，一般为 4 ~ 7 位，以减少出错的可能性和节省存储空间。对于多要素的数据信息，可通过设置特征位来有效地压缩码位的长度。

（4）编码标准化，其内容包括统一的码位长度、一致的码位格式和明确的代码含义，不能出现代码的多义性等。

（三）地理信息标准化的制定

随着信息革命在全球的兴起，地理信息标准化的工作日益受到关注。目前正在制定标准和规范的重要单位包括：① ISO/TC 211：国际标准化组织 TC 211 专题组；② FGDC：美国联邦地理数据委员会；③ CEN/TC 287：欧洲标准化委员会；④ OGC：美国 Open GIS 协会；⑤ MEGRIN：欧洲地图事务组织；⑥ CGSD：加拿大标准委员会。

以欧洲标准化委员会为例，其标准化制定工作分为参考模型标准、数据描述定义标准、数据描述技术标准、数据应用模式标准、数据几何标准、数据质量标准、数据传输标准、数据定位标准等专题小组，负责专题标准的制定工作。国际标准化组织 ISO 的 TC 211 专题组，其主要任务是制定地理信息领域的标准化，并由五个工作组分别制定出一套结构化的相关标准。

第一，工作组负责框架和参考模型，承担地理信息的参考模型、综述、概念图解语言、术语、一致性测试等项目。这些项目主要是设计地理信息标准的总体结构框架，设计概念图解语言，定义名词术语，确定测试各项标准是否达到一致性的判断指标和方法。因此，该工作组是对 ISO/TC 211 的标准化工作进行总体规划，提供基本原则和概念设计工具等。

第二，工作组负责地理空间数据模型和算子，承担地理信息的空间算子、空间子模式、时间子模式、应用模式规则等项目。这些项目的任务是确定地理空间数据的存取、查询、管理和处理操作的算子，定义地理空间目标空间特征的概念关系和时间特征的概念关系，定义地理信息应用模式的规则，包括应用模式的地理空间目标分类、分级原理及其关系等。

第三，工作组负责地理空间数据管理，承担地理信息的分类、大地参考系统、间接参考系统、质量、质量评价方法、元数据等项目。这些项目的任务是确定地理空间目标、属性和关系的分类方法，研究制定一套单一的国际多种语言分类目录的可能性，研制大地参考系统和间接参考系统的概念模式和参考手册，确定地理空间数据质量指标及质量评价方法，确定说明地理信息及其应用服务的元数据模式。

第四，工作组负责地理空间数据服务，承担地理信息的空间定位服务、地理信息描述、编码、服务等项目。这些项目主要是确定空间定位系统 GPS 与 GIS 标准接口，使空间定位信息与地理信息的各项应用相互集成，以人们能够理解的形式描述地理空间信息，选择与地理信息所应用的概念模式相兼容的编码规则，识别和定义地理信息的服务界面，确定与开放系统环境模型之间的关系等。这些项目基本涵盖了地理空间数据应用和信息服务所急需的标准化内容。

第五，工作组负责专用标准，目前只承担专用标准一个项目。主要任务是确定在 ISO/TC 211 制定的全部标准的基础上，针对某项具体应用，提取出专用标准子集的方法和参考手册。

三、地理信息系统评价

地理信息系统评价是指对 GIS 的性能进行估计、检查、测试、分析和评审，最后针对评价结果形成系统评价报告，包括用实际指标和计划指标进行比较，以及评价系统目标实现的程度。

（一）系统评价指标

1. 系统效率

地理信息系统的各种职能指标、技术指标和经济指标是系统效率的反映，如系统能否及时向用户提供有用信息、所提供信息的地理精度和几何精度如何、系统操作是否方便、系统出错率如何，以及资源的使用效率如何等。

2. 系统可靠性

系统可靠性是指系统在运行时的稳定性，要求一般很少发生事故，即使发生事故也能很快修复。可靠性还包括系统有关的数据文件和程序是否妥善保存，以及系统是否有后备体系等。

3. 系统的效益

系统的效益包括经济效益和社会效益。GIS 应用的经济效益主要产生于促进生产力与产值的提高、减少盲目投资、降低工时耗费、减轻灾害损失等方面。目前地理信息系统还处于发展阶段，可着重从社会效益上进行评价，如信息共享的效果、数据采集和处理的自动化水平、地学综合分析能力、系统智能化技术的发展、系统决策的定量化和科学化、系统应用的模型化、系统解决新课题的能力，以及劳动强度的减轻、工作时间的缩短、技术智能的提高等。

4. 可扩展性

任何系统的开发都是从简单到复杂的不断求精和完善的过程，特别是地理信息系统，从清查和汇集空间数据开始，然后逐步演化到从管理到决策的高级阶段。因此，一个系统建成后，要使在现行系统上不做大改动或不影响整个系统结构，就可在现行系统上增加功能模块，这就必须在系统设计时留有接口。

5. 可移植性

可移植性是评价地理信息系统的一项重要指标。一个有价值的地理信息系统的软件和数据库，不仅在于它自身结构合理，而且在于它对环境的适应能力，即它们不仅能在一台机器上使用，而且能在其他型号设备上使用。要做到这一点，系统必须按国家规范标准设计，包括数据表示、专业分类、编码标准、记录格式等，都要按照统一的规定，以保证软件和数据的匹配、交换和共享。

（二）系统评价报告

系统评价报告一是对已成系统开发工作的验收总结；二是将来进一步系统维护和改进的依据及规则；三是新系统开发工作的新起点，必须认真对待。系统评价的结果理应形成正式的书面文件，并辅以必要的用户证明、性能评测和鉴定意见等，主要内容包括：①新系统的设计目标、结构、功能和主要性能指标；②系统研制的文档资料；③系统性能评价和证明材料、鉴定材料；④系统经济效益评价和测算数据；⑤系统综合评价和用户意见；⑥结论。

第六章　地理信息系统的技术应用研究

第一节　地理信息系统在工程测绘中的技术应用

随着我国工程建设项目的快速发展，与之相关的工程测绘技术在应用过程中也得到了显著提升，应用的行业也越发广泛，不仅涉及房屋建筑、公路工程，同时在水利建设、铁路工程建设等方面也起到了重要作用。"地理信息系统作为一种更为先进的测绘技术，是在计算机的辅助作用下，分析汇总空间的相关信息数据，进而绘制出科学的地形图，最大限度地保证测绘数据的精准。"[①]

一、地理信息系统在工程测绘中的应用意义

地理信息系统本质上是一项综合性空间信息系统，它是集传感器、飞行器、遥测遥控、通信、导航定位、摄像、激光扫描、数据传输、遥感数据处理等功能与设备于一体的技术系统。将地理信息系统合理地应用于工程测绘中，可保障测绘行业的转型升级。作为地理信息系统的重要构件，传感器的质量和功能对工程测绘工作的质量和效率有着重要影响。随着科技的不断进步，大面积、多光谱、数字化是传感器的发展方向。在不断提高信息数据精准度的前提下，利用遥感设备和飞行器，可实现对数据的快速传输。与传统测绘技术相比，地理信息系统的合理化应用不仅能够降低测绘成本，还能够提高操作的安全性及基础信息获取的实时性。

在测绘工作中应用地理信息系统时，测绘部门的工作人员可合理利用远程探测仪来探测物体状态，并借助地理信息系统将探测到的信息精准、快速地传输到控制中心。在具体的操作过程中，测绘工作主要分为三个部分，即前期内业、前期外业及后期内业。前期内业工作的规范开展是前期外业高质量开展的重要保障。在借助无人机遥感系统内部的遥感监测系统和地面控制系统落实前期内业工作后，监测人员还要借助全球定位系统，通过人工或者自动化控制技术来控制无人机采集特定范围内的数据，最后将采集到的数据经数据传输系统传输到控制中心并对其进行分析和整理，从而制订出可行的决策方案。

相较于传统测绘技术，地理信息系统的应用在一定程度上打破了空间和地形的限制。

---

① 王兴. 探讨工程测绘中地理信息系统的应用 [J]. 华北自然资源，2021（02）：56.

另外，该系统具有成本低廉、覆盖面广、操作安全、便于携带、高度自动化、高度智能化、快速响应等优势，能够在保证数据精准度的前提下，为后期的科学决策提供重要参考。

二、地理信息系统在工程测绘中的工作优势

基于地理信息系统的无人机测绘系统，不仅能够帮助测绘人员获取所需要的数据，还能够显著降低测绘成本，促进测绘行业的转型和升级。在工程测绘中，为实现预期目标，工作人员需要在测绘前按照工作要求和环境特点选择合适的无人机，确定合适的飞行航线，旨在获取精确的测绘数据，为后期工作的规范开展提供科学依据。

（一）响应快速

首先，地理信息系统的数据处理速度快。传统的工程测绘方法需要手动进行数据的测量和处理，耗时较长。而 GIS 可以自动化快速处理大量的地理空间数据，通过高效的算法和处理技术，能够在短时间内生成准确的结果。这对于工程测绘工作来说，能够节省大量的时间和人力成本，提升工作效率。

其次，地理信息系统具有快速查询和分析功能。GIS 可以将地理空间数据与属性数据进行关联，通过空间分析功能，能够在短时间内进行复杂的地理数据查询，例如查找一定范围内的特定地物或观测点。这对于工程测绘工作来说尤为重要，因为在此过程中需要频繁地查询和分析数据，以便了解地理特征和现象。GIS 的快速查询和分析功能能够帮助工程师迅速获取所需信息，并做出合理的决策。

再次，地理信息系统的实时性较高。在工程测绘过程中，地理信息需要随时与实际场景进行对比和更新，以确保数据的准确性和可靠性。GIS 可以通过卫星定位系统等定位技术获取实时的地理数据，并将其进行实时更新。这意味着工程师可以随时获取最新的地理信息，而不需要依赖过时的数据，从而有效地进行测绘工作。

最后，地理信息系统的快速响应能力使其能够与其他工程软件和硬件设备进行无缝集成。例如，GIS 可以与自动化测量设备、遥感仪器等配合使用，快速获取和处理地理数据。同时，GIS 还可以与绘图软件、数据库系统等进行数据交互和共享，实现各个环节之间的高效协作。这为工程测绘提供了更便捷和快速的工作流程，提高了数据的准确性和可操作性。

地理信息系统在工程测绘中快速响应的特点使其具备了诸多工作优势。它能够实现快速的数据处理和查询，提供实时的地理信息，并与其他工程软件和设备进行无缝集成，从而进一步提高工程测绘工作的效率和质量。

（二）效率高、范围广

首先，GIS可以大大提高工作效率。传统的工程测绘方法需要人工进行大量的数据采集和处理工作，而GIS可以自动化地对采集到的地理信息进行处理和分析，从而减少了工作量和人力成本。同时，GIS在大数据聚合和分析方面也有很强的优势，可以迅速完成复杂的数据处理和分析任务，大大缩短了工程测绘的周期。

其次，GIS的覆盖范围非常广泛。传统的工程测绘只能采集和处理具体地点的有限信息，对于整个区域的数据收集和分析往往难以实现。而GIS可以收集和整合已有的地理信息，形成全面的地理信息数据库，给整个区域的测绘和分析提供强大的支持。在大型工程建设中，GIS可以帮助管理人员及时了解工程进展情况，预测可行性和风险，提高工程管理和决策的效率。

另外，GIS还可以提供多维度的信息展示和分析。它可以展示不同的信息层，如土地利用、地形高度、水文地质等信息，从而帮助工程测绘人员更细致地了解地理环境和规划工程。此外，GIS还可以对多维信息进行分析，如盛行风向、地形梯度等，从而为工程方案的设计和决策提供更丰富和准确的数据分析。

（三）安全性、可靠性高

相较于人工测绘技术，地理信息系统可将测绘的数据及时、快速、准确地传递给设计部门，有利于保证数据的时效性。设计部门可根据测绘信息及时发现并解决问题，从而保证测绘工作的安全性和可靠性。另外，地理信息系统因搭载高精度的无人机设备，可从多个角度完成摄影、摄像作业，解决因建筑物遮挡而无法精准获取测量数据的问题，从而保证后续工作的顺利开展。

（四）测绘成本较低

由于其高度自动化的特点，GIS可以大大减少人力和物力的投入，缩短测绘的工期。此外，GIS还可以实现远程卫星测绘，不需要人员进入不易到达的地域，从而降低了野外作业的难度和危险性。因此，GIS的使用能够使工程测绘过程变得更加高效、便捷，成本更低。

三、地理信息系统在工程测绘中的作业流程

（一）精密的数据测量

地理信息系统在工程测绘中的应用往往会结合遥感技术与全球定位系统一起使用，在

测绘工作具体展开的过程中需要使用多种测绘仪器和设备，能够极大地提高测绘工作效率，保障工程的顺利推进。地理信息系统的数据处理速度非常快，技术人员如果能够充分利用有价值的测绘资料，做好数据的分析汇总与深入研究，就能推动整个项目的顺利实施，达到工程测绘的最终目的。因为地理信息系统的数据收集能力非常强，在测绘过程中可能会收获大批量数据，在整合数据的过程中往往要消耗大量时间，不过在数据精细化处理的模式下，可以对资料进行全面的校验，提高数据的精准度。该系统的处理功能在此过程中发挥着重要作用，对于工程的顺利推进是一种保障。

（二）数据信息采集

数据采集和数据编辑是地理信息系统的主要功能，在工程测绘中，可以为数据库的完整构建奠定基础，同时还能确保数据逻辑的一致性。

为了提升相关工作的处理效率，技术人员在采集数据的过程中会使用到以点构线、以线构面的技巧，将被测量区域划分成多个点面关系，再将全部测绘的数据信息收集起来，这种空间模型建构方式精准度更高。如果将整个测绘空间中的各项物质信息全部用数据进行展示和表达，那么数据将会非常复杂，且十分容易混淆，对需要重点测绘的部分数据收集的难度也比较大。不同工程测绘项目所在位置不同、环境不同、气候不同，在数据信息采集和存储过程中选择的方式就不一致。

以离散的地表参数为例，在数据信息存储的过程中一般采用栅格形式。这种存储办法不仅可以节省系统空间，还能够确保数据利用价值的最大化，对所有数据基本上都可展开系统性分析。用矢量点来记录被测绘区域地表的海拔，显示在系统上具有连续和起伏性的特征，从对应的数据记录和图集上也能看出此特点，这样系统进行数据转换和处理的过程中，可以更好地对数据的方向性进行还原，不仅能降低数据误差带来的影响，同时还能够快速还原被测空间，在立体模型的参照下，可以更好地结合工程实际展开决策规划。

地理信息系统需要与数字扫描设备、摄影设备以及卫星定位设备相互关联，从而能够得到更加精准的测绘数据。例如，在测绘一个单独建筑物的过程中，可以将其朝向、高度、宽度等各种信息汇总起来。如果在测绘过程中同遥感技术一起使用，还能够进行二维空间图像的采集，进一步提升数据的精确性，为数据的调整校正提供一定的参考，提高数据的可靠性和利用价值。

（三）数据转换处理

数据采集后，工作人员要利用数据处理软件对信息进行编辑和上传，通过数据重构对其进行识别，将其分类到不同数字存储单元中。在处理与转化的过程中，必须注意向量信息的处理。此外，数据处理中的格式转换和数据结构分析，在运用过程中需要通过系统分析功能实现，为发挥其强大的数据转换处理能力，可以对系统功能进行更深层次的开发。

在数据转换的过程中，由于操作过程可能不够专业，在测量过程中很可能出现误差，这样会导致最终测绘的结果参考价值不高，上传的绘图不够清晰，这也会影响工程测绘数据的后续分析。如果出现这种情况，可以利用地理信息系统中的自动清除功能，对不够清晰的位置做凸显处理。另外，数据转换后格式系统会自动识别，识别后部分数据需要重新进行处理，之后才能重新被系统自动识别和利用。

（四）数据显示管理与数据库构建

在工程测绘展开的过程中，所收集到的各类地理信息具备空间、区域和属性的特征，是通过地理信息系统实现数据测量所必须掌握的主要依据，通过利用地理信息的特征对所测量地区的环境条件做出客观的说明。在模拟建模的过程中，不同被测物体之间的颜色是不同的，以城建工程中的地理数据测绘为例，整个空间布局中商业区、住宅区、学校及医院等各个属性颜色标记是不一致的，同时还具有密度的分级。

在数据库构建的过程中，有部分信息系统是无法分辨的，因此需要技术人员人工进行分类、存储和汇总，形成一个完整的数据要素库，具体包括测绘点要素、建筑面要素、空间内被测物体要素等。此外，地理信息系统还具备编码机制，可以对各种地理信息进行编码和管理，每一个编码都是独立的，而且信息不可更改。在具体应用的过程中，相关工作人员只需要输入对应的编码即可查询到需要的数据，数据库可以自动为其提供匹配的信息。

（五）进行资源配置

从资源配置的角度分析，资源配置的硬件是对应使用的计算机信息软件而言的，硬件环境的好坏会直接影响续工程的开展进度，一方面，影响测绘数据的精确性；另一方面，影响数据处理的效率和水平。在配置硬件的过程中，技术人员必须结合当前工程测绘的需要，确定硬件型号和参数，以确保测绘过程中数据的精确性。

从网络和软件环境角度分析，资源配置的软件同样会影响后续工作的效率和稳定性，每一个工程测绘的负责人都须结合现实需求，为测绘工作的开展提供良好的网络和软件环境。

四、地理信息系统在工程测绘中的发展趋势

在工程测绘中应用地理信息系统，能有效提高测绘工作的准确性、科学性，有利于促

进测绘从传统的获取信息服务方式转变为决策管理的重要组成部分。未来，地理信息系统有望极大地提高管理方法的严谨性、总体规划的合理性及决策的科学性。地理信息系统将会以其独特的功能，在测绘工作中得到广泛应用，并在一定程度上满足空间分析的需求。地理信息系统的发展方向是通过与其他技术相结合，实现时空一体化设计及系统仿真分析。地理信息系统在未来还能将不同领域的空间模型集成到同一框架中，通过通信系统来实现智能控制。

随着经济社会的不断发展，工程测绘领域的信息化建设水平逐渐提升，测绘效率显著提高。地理信息测绘系统在城市建设、土地规划等多个领域工程测绘中发挥着不可替代的作用。由于工程测绘地理信息系统这一新技术的快速发展，结合地理信息技术的图形处理功能及组件式的突出表现，最终为工程测绘提供了更加有利的数据支撑。

第二节 地理信息系统在森林资源管理中的技术应用

森林资源是由多种多样的植物构成的，生产周期较长是森林资源的明显特征。其变化规律较为特殊，尤其是在较为复杂的地形影响之下更是如此。森林的发展变化会对森林资源产生一定的影响，使森林资源管理方式不断改革和创新。"林木对于大气环境品质有着重要的影响，这就要求有关技术人员必须合理科学地使用现代化技术手段和设备，并且结合有关政策举措来促进我国林木资源的管理工作和监控水平的不断提升，从而使林业能够得到更好的发展。"[1] 在新时期的林业发展中，地理信息系统的应用意义重大。

一、地理信息系统在森林资源管理中的功能

地理信息系统是一款非常强大的软件系统，可以在计算机技术的支持下，通过地图输入方式进行数据库的创建与管理。地理信息系统在当前已经实现了较大程度的发展，在社会各行各业都发挥着重要作用，尤其是在森林管理体系中，如森林发展预测、森林火灾预防等方面其作用非常显著。地理信息技术的应用彻底解决了传统人工管理存在的诸多问题，地理信息系统的功能主要体现在以下方面：

---

[1] 张博，溥恩波. 地理信息系统在森林资源管理与监测中的应用 [J]. 智慧农业导刊，2022，2（24）：17.

（一）监控土地资源的利用情况

可利用地理信息系统对森林土地展开遥感成像处理，并根据系统收集到的数据，建立相应的仿真模型，从而实现对土地资源的科学管理。对此，在实际管理工作中，根据实际的土地资源量和该数据库中的对应数据，使土地资源的空间分布情况及实时变化规律通过建立的仿真模型呈现出来。之后再通过对该时间段内森林土地的增减情况进行分析，制订相应的土地资源管理方案。

（二）明确森林资源的分布情况

在管理工作中为了呈现区域内的森林资源的水平分布情况及垂直分布情况，可利用该技术建立森林地面模型、地形模型以及坡面模型。之后再利用矢量图叠加的方式来有针对性地展开区域分析，使森林资源分布图构成完整，为区分森林资源的种类以及划分林地保护等级提供方便。

（三）对森林资源结构进行调整

要实现森林资源的合理分配，需要对区域的资源结构进行调整，而应用地理信息系统便可高效完成，可实现林种与树种结构的调整，并合理设定森林区域的比例。为了方便树种的正常生长及森林资源的合理利用，还应当合理设定不同树种的分布位置，但对此要根据森林资源的具体分布情况及其所处的空间属性而做出决定。利用该技术调整森林资源的年龄结构，应对不同生长期的资源所能创造的经济效益和生态效益进行明确，然后再根据林龄结构组成情况，制定出相应的年龄组结构。在此基础上通过优化调整，可充分发挥森林资源的利用价值。

（四）制订采伐、造林与抚育计划

当前，森林资源管理工作中的管理意识还不足，并带有很大的盲目性，因而给森林造成了一定的破坏，导致环境问题的频发。因此，要尽快提升资源的经营管理水平，其中，积极利用地理信息系统是十分重要的。首先，要利用该技术科学制订森林资源的采伐计划和抚育间伐计划；其次，为了有计划地开展造林工作，应利用地理信息系统来制定森林立地类型表与林地数据表，合理选择森林的树种类型，注意要采用坡位分析技术与坡面分析方式；最后，可采用地理信息系统对相关数据进行收集与综合分析，在此基础上制订封山育林规划。

（五）预防森林火灾，保护森林资源

预防森林火灾和保护森林资源是至关重要的任务，因为森林火灾和病虫害给森林资源带来的破坏是难以恢复的。为了提高预防火灾的效果，可以利用地理信息系统来设定火灾预警系统。这样一来，当火灾发生时，系统能够迅速地把火灾的具体位置传输给火警部门，使他们能够快速采取行动，提高灭火工作的效率。

此外，对于森林病虫害的预防也是至关重要的。地理信息系统可以用来收集病害虫发生的因子数据，从而可以确定病虫害的种类和特性。这样一来，有关部门可以及时采取措施来治理病虫害，防止其对森林资源造成更大的破坏。

二、地理信息系统在森林资源管理中的应用

（一）在森林资源档案管理中的应用

第一，实现数据一体化查询。地理信息系统能够将森林资源信息以地图的方式直观地展现出来，这些信息主要有森林的面积、蓄积、类型、分布、树种结构、林龄结构及变动情况等，可以通过地理位置来查询该位置下的林班号、林种、树种、土壤等情况。通过这些属性数据，也可以查询同类森林资源的分布情况及地理位置，实现森林资源的属性数据与空间数据的双向查询。

第二，实现空间图形与空间属性同时更新。对空间信息的管理与分析是地理信息系统的优势所在，且空间图形与空间属性是联动的，二者中一方会随着另一方的变化而变化，由此实现空间图形和空间属性同时更新。例如，空间图形数据如果发生变化，那么空间属性数据也会发生变化。

（二）在森林资源结构调整方面的应用

第一，在林种和树种结构方面的调整。地理信息系统能够将不同区域进行合理划分，主要包括自然环境保护区域、防护林、防火隔离带等，并以图形的方式进行展示。根据森林资源的不同分布特点可进行有针对性的分析及合理布局。

第二，年龄结构调整。根据自然条件的空间分布特点，采用地理信息系统对树木的年龄等方面进行合理的调整，如树木的生长时间、地形、地貌、土质及森林生态效益等，然后进行绿化造林，减少土地荒废的面积，保证每个区域的树木年龄合理化。

（三）在森林资源工作管理方面的应用

利用地理信息系统做好森林资源的合理规划，例如森林资源作业报批、树木生产计划及资源计划审核工作等，将地理信息系统作为森林资源管理的信息管理系统，保证森林资源的作业项目的审批及工作的顺利开展。地理信息系统在一定程度上能在对森林资源的政策管理方面发挥比较重要的作用，是综合性较强的管理系统，可以有效地解决森林资源管理中出现的问题。

（四）在森林资源经营管理方面的应用

第一，限制树木的开采和砍伐。在采伐之前制订有针对性的采伐计划十分必要。在制订采伐计划时，需要充分考虑和规划一些必要内容，如地域特点、林种优势等信息。对此，使用地理信息系统可以使计划更加详细、科学和全面，如采伐树木的面积、范围、树种及方式。

第二，造林规划。在制订造林规划时，需要结合森林资源的实际情况，对森林的地形特点进行有效的分析，选择适合生长的树种及适合树种生长的区域，其中需要制定相应的森林树木分布图，对此，可利用地理信息系统高效完成。

地理信息系统实现了多种功能的优化，具有强劲的发展生命力，在森林资源管理中所发挥的作用不可替代，彻底解决了传统管理工作中存在的诸多问题。因此，在森林资源建设与发展中，应建立完善的森林资源管理基础数据库，并将其运用到森林资源管理、资源评价及资源灾害防治等方面，利用该技术获取准确的数据信息，实现对森林资源的动态监测，及时发现森林资源管理中的问题，有效调整林种与树种的结构和森林资源的年龄结构，科学制订森林资源的采伐计划，合理划分封山育林的执行区域。同时还要在应用中不断完善与优化地理信息系统，不断实现管理工作创新，从而有效地提升森林资源管理水平。

第三节　地理信息系统在土地利用规划中的技术应用

随着现代科学技术的进步、数字化信息的普及，地理信息系统被广泛地应用于国土、规划、农业等领域。土地利用规划是政府及主管部门依照法律在规划区内依据土地资源调查和适用性评价结果、经济和社会发展规划、土地供需情况，确定和调整土地利用结果、用地布局的总体部署。

一、土地利用规划的性质与理念

（一）土地利用规划的性质

1. 系统性

土地利用规划是一个系统工程，编制所有的土地利用规划都对这个大系统进行综合分析，要依据当地的自然、经济、社会三个子系统所包含的诸多因素、因子进行全面的分析研究，诸多的因素、因子相互关系、相互作用、相互制约，在不同程度上影响和制约了土地利用，只有在全面分析和研究的基础上才可能找出土地利用的规律和问题，也才能做出合理、科学的土地利用规划。

在这个大系统中，从纵向上分析，包括系统调查、系统分析、系统研究、系统综合、系统控制等步骤；从横向上分析，包括规划的理论支持系统、规划的决策系统和规划的执行系统全过程。土地利用规划决策也是综合的系统决策，应有多方案比较、坚持好中选优的原则。土地利用规划的方法也是系统的方法，有常规的公众参与法、综合平衡法等，还有先进技术的模型法的应用。总之，土地利用规划表现出明显的系统性。

2. 协调性

土地利用规划是对土地利用约束性、控制性的决策。土地利用是有效益的，在决策中往往为了整体的利益、长远的利益，影响到局部的利益、暂时的利益，土地利用规划就是要协调各种利益；我国的土地所有制度，是国家所有和农民集体所有两种所有制，而土地的使用制度则是国家、集体、个人三者均有使用权，在土地利用规划中往往会因为调整土地使用权带来某一方面的利益损失，土地利用规划要充分协调各方面的利益。我国土地利用的部门用地、部门需求与土地供给能力之间存在矛盾，土地利用规划就是要协调各部门之间用地的矛盾。诸如此类的问题还有许多，这些问题在编制规划中必须反复进行协调，通过协调取得相对满意的结果。这充分表现出土地利用规划的协调性。

3. 控制性

所有土地利用规划的目的都是控制土地利用。土地利用规划的内容包括：①从数量与结构上进行调整；②从空间和布局上进行调整。调整的结果就是按照规划来控制利用有限的土地资源。规划的作用就是指明具体地块的具体用途和管制措施。管制措施具体告诉人们这块土地能干什么、不能干什么，十分明确。规划的控制性，表现出土地利用规划的科学性和可操作性。

4.实施性

土地利用规划的另一个特性是规划的实施性。土地利用规划是落实国民经济与社会发展规划的一种措施，是从空间上具体落实该措施的布局规划，因此，土地利用规划具有很强的实施性和可操作性。土地利用规划的内容一经批准，便得以实施，尤其是低层次的、专项规划、规划设计项目，实施起来涉及具体的人和具体的事物，建立土地用途管制具体办法，具有明显的实际操作性。

规划的实施性是检验规划编制成功与否的主要标准，规划的实施性强化了规划的权威性。规划的实施要针对规划的内容制订规划实施方案，拟定规划实施的具体办法，要建立规划动态监测制度，为规划的调整和修编提供依据。这些均说明了土地利用规划的实施性。

5.综合性

土地利用总体规划是对所有的土地、土地利用的所有措施进行规划，所以土地利用规划是综合性的规划；土地利用规划的目标也是综合性的，不仅注重土地的经济效益，而且必须注重土地的生态效益和社会效益，最终目标是实现三大效益的最佳组合；土地利用规划的方法也是综合性的，诸多层次的规划、各种不同尺度空间的规划所采用的方法均是综合平衡的方法；所有的土地利用规划实施的措施都是综合性的。根据土地规划的内容、目标、方法和措施的综合性充分说明了土地利用规划是一个综合性的规划。

（二）土地利用规划的理念

土地利用规划是一个复杂的大系统，规划的层次、空间的大小、内容的侧重点都有不同，但各层次规划的基本指导思想一脉相承，有着共同的理念。因此，土地利用总体规划、土地利用专项规划和土地规划设计的内容侧重点是有区别的，但所坚持的理念基本是一致的。

第一，保护耕地的理念。十分珍惜、合理利用土地和切实保护耕地是我国的基本国策，这给土地利用提出了具体的目标和任务，也是编制所有土地利用规划的基本指导思想，一切土地利用规划都必须坚持贯彻这一基本国策。坚持保护耕地是所有土地利用规划的基本理念，也是所有土地利用规划的基本任务和目标。

第二，合理利用土地的理念。所谓合理利用土地，是指在编制所有土地利用规划时，要从源头上把好合理利用土地的关口。自原国家土地管理局成立以来，我国建立了一系列土地利用的管理制度，对各类用地做了一系列的规程和标准，这为编制规划提供了标尺和准绳。因此，编制土地利用规划要严格按照相关制度和标准进行，做到依据充分、合理，使规划落实在合理用地的起点上，为土地利用规划的实施奠定坚实的基础。

第三，集约用地的理念。集约用地是由人类社会发展和我国实际情况的需要决定的。因此，在编制土地利用规划时坚持集约用地的理念，也是土地利用规划的一个重要任务。

第四，保障需求的理念。土地利用规划的主要目的是保障国民经济稳定、快速发展。土地是国民经济发展的重要物质基础，土地资源是实现国民经济建设目标的重要支撑点，土地利用是国民经济建设布局的具体体现，土地利用规划就是要按照国民经济发展的需要进行部署和安排。因此，土地利用规划要坚持服务于国民经济建设需要的理念，为其保驾护航。

第五，可持续发展的理念。土地作为一种特殊的生产资料，具有可持续利用的特性。但由于人们的利用不当，势必造成土地的退化，甚至使土地丧失生产能力。因此，在编制土地利用规划时要从保护土地利用的观念出发，注意土地生态环境的建设，有意识地保护土地，坚持可持续发展的理念。

二、地理信息系统在土地利用规划中的应用

（一）基于GIS的土地适宜性评价

土地适宜性评价，是针对一些特定的用途，对土地资源是否适宜以及适宜的程度进行综合的评定，土地适宜性评价是土地利用规划的重要依据。通过对土地的自然、经济因子的综合分析，评价其生产潜力、适宜性、限制性及其差异性等。另外，根据评价的预定用途不同，可分为土地的农业适宜性评价和城市适宜性评价，通过评价阐述区域土地适宜于何种行业用途，以及城市建设的土地资源的数量、质量及其分布，最终实现为当地的土地利用结构和布局的调整、土地利用规划分区等提供科学依据。

GIS技术在土地评价中的应用，极大地减轻了管理人员的工作负担，增加了其准确程度。借助GIS技术，应用数学模型，并利用已有的空间数据，对土地因素进行评价，从而更高效地开发利用土地。完整的GIS系统由硬件、软件、地理空间数据和系统管理操作人员组成，具有采集数据、存储、处理分析、模拟和决策等功能。

（二）土地资源的空间预测模型

土地资源是人类赖以生存的自然资源，所以土地利用规划能否精准地预测将来的土地供需情况显得尤为重要。它不仅需要大量的数据收集，还需要GIS来研究分析未来的土地利用情况。科学的分析、处理和模型是空间预测是否准确的前提，GIS空间预测模型尽可能地将采集的参数空间化，针对自身的特点，在规定的规划单元内进行预测，其结果更加快捷、直观、准确，使得土地利用规划更科学、可靠。

（三）编制规划图件

地理信息系统具有强大的制图功能，通过图形编辑，根据用户需求对地图参数进行修改，按指定的符号、颜色、标注等显示和输出。经地理信息系统输出的数据能以图像、转换文件等形式存在，能直接打印或转换后导入其他的系统和软件进行二次使用，方便管理人员高效地利用这些成果。

（四）土地利用监测和管理

GIS 技术可用于土地利用动态监测，关键是通过土地利用的调整研究和遥感监测技术而进行的，通过选择叠加现有及以往的数据进行对比和分析，可以得出土地利用的变更情况，为当地土地监察执法提供事实依据。土地监察执法是全面地检查土地管理的法律法规的执行情况，并阻止违反土地管理标准的相关人员。

随着现代计算机技术的高速发展，地理信息系统也必将逐渐完善，利用其强大的分析处理功能，对人民的生活发展可起到积极的推动作用。它可对土地利用情况进行分析评价，并结合其他条件对土地利用进行远景规划和预测。因此，在土地利用规划时应用地理信息系统，不但可以完善土地利用规划体系，还可以减少由人为因素产生的误差，提高规划的准确、合理、可行性，为当地经济和社会的发展提供技术保障。

参考文献

[1] 刘颜东 . 虚拟现实技术的现状与发展 [J]. 中国设备工程，2020（14）：162.

[2] 陈浩磊，邹湘军，陈燕，等 . 虚拟现实技术的最新发展与展望 [J]. 中国科技论文在线，2011，6（01）：1.

[3] 高源，刘越，程德文，等 . 头盔显示器发展综述 [J]. 计算机辅助设计与图形学学报，2016，28（06）：896.

[4] 王大锐 . 魅力无穷的地球科学三维打印技术 [J]. 石油知识，2021（05）：17.

[5] 林琳，路海洋 . 地理信息系统基础及应用 [M]. 徐州：中国矿业大学出版社，2018：57-58.

[6] 焦晨晨 . 常用地图投影变形计算机代数分析与优化 [D]. 北京：中国地质大学，2022：7.

[7] 梁湖清，马荣华 . 综合省情地理信息系统空间数据元数据设计研究 [J]. 遥感学报，2002，6（4）：272-278.

[8] 杜鹃，曹建春 . 空间数据挖掘及其在海洋地理信息系统中的应用 [J]. 舰船科学技术，2015，37（6）：168-171.

[9] 孙红春 . 基础地理信息系统的空间数据规范与组织结构 [J]. 同济大学学报（自然科学版），2001，29（8）：902-906.

[10] 石磊 . 地理信息系统中的空间数据模型及其应用 [J]. 中学地理教学参考，2023（13）：1.

[11] 戴海滨，秦勇，于剑，等 . 铁路地理信息系统中海量空间数据组织及分布式解决方案 [J]. 中国铁道科学，2004，25（5）：118-120.

[12] 黄照强，冯学智 . 地理信息系统空间异构数据源集成研究 [J]. 中国图象图形学报（A辑），2004，9（8）：904-907.

[13] 杜莉，张建军 .SQL Server 空间数据与地理信息系统平台的无缝集成 [J]. 煤炭技术，2011，30（9）：160-162.

[14] 张燏，董春岩 . 地理信息系统在农业决策服务中的应用 [J]. 中国农业资源与区划，

2017，38（9）：49–55.

[15] 陈延辉，宫蕾.地理信息系统数据集成与数据优化处理方法的应用研究 [J].科技通报，2013（8）：85–87.

[16] 王蕾，邓国臣，郑培蓓，等.地理空间数据模型的对比研究 [J].遥感信息，2013，28（5）：109–117.

[17] 张博，溥恩波.地理信息系统在森林资源管理与监测中的应用 [J].智慧农业导刊，2022，2（24）：17–19.

[18] 刘晟昊.地理信息系统在工程测绘中的应用 [J].集成电路应用，2022，39（08）：212–213.

[19] 王兴.探讨工程测绘中地理信息系统的应用 [J].华北自然资源，2021（02）：56–57.

[20] 尹继业.新型地理信息系统技术在工程测绘中的应用分析 [J].计算机产品与流通，2019（11）：278.

[21] 黄四南.试论地理信息系统在森林资源管理中的应用 [J].低碳世界，2019，9（09）：379–380.

[22] 董悦.浅析地理信息系统在土地利用规划中的应用 [J].农村经济与科技，2018，29（14）：222.

[23] 刘俊燕.地理信息系统在土地利用规划中的应用研究 [J].人力资源管理，2014（10）：163–164.

[24] 王丽娜.现代通信技术 [M].北京：国防工业出版社，2016.

[25] 胡金星，潘懋，王勇，等.空间数据库研究 [J].计算机工程与应用，2002，38（3）：11–13，20.

[26] 吴明哲，汤志华，郭文格.浅析 GIS 空间数据库 [J].城市建设理论研究（电子版），2016（11）：5425–5425.

[27] 余秋实，邵燕林.空间数据库的回归与发展趋势 [J].地理空间信息，2021，19（11）：31–33.

[28] 卢春阳，沈雯.基于空间数据库的地名地址动态更新系统设计 [J].测绘技术装备，2022，24（3）：120–124.

[29] 江威，马艺文，姚垚，等.基于 ArcPy 的空间数据库备份与还原技术研究 [J].城市勘测，2021（4）：57–59.

[30] 赵建雪，袁晓妍.基于云架构的自然资源与地理空间数据库建设 [J].测绘与空间

地理信息，2021，44（7）：107–110.

[31] 周艳芳 . 空间数据库的概念及发展趋势探究 [J]. 产业与科技论坛，2018，17（2）：53–54.

[32] 吴风华 . 地理信息系统基础 [M]. 武汉：武汉大学出版社，2014.

[33] 马驰 . 地理信息系统原理与应用 [M]. 武汉：武汉大学出版社，2012.

[34] 陈文涛 . 大数据时代计算机网络安全技术的优化策略 [J]. 网络安全技术与应用，2023（11）：157.

[35] 曹钦 . 满足快速制图的地图语言的设计探讨 [J]. 数字通信世界，2019（09）：229.

[36] 张翔 . 地理信息系统在无线网络规划中的研究与应用 [D]. 北京：北京邮电大学，2011：5.

[37] 钟耳顺 . 地理信息系统技术开发、应用与产品化 [J]. 中外科技信息，1998（12）：22–26.

[38] 阮娟 . 地理信息系统（GIS）在环境保护方面的开发应用 [J]. 农家科技（下旬刊），2016（4）：317.

[39] 徐鑫 . 地理信息系统软件工程的设计原理与方法 [J]. 电脑迷，2017（5）：32.